理工系のための微分積分学

著者：神谷 淳・生野 壮一郎・仲田 晋・宮崎 佳典

近代科学社 Digital

はじめに

T教授「A君，まずは大学入学おめでとう．さて，これから，君が勉強することになる微分積分学についてじゃが……」

A君　「やっと，大学生になったのですから，これからは，専門書をバリバリ読破して，早いとこ専門科目の勉強をはじめたいと思っています．ですから，数学の勉強は大学で使っている教科書だけにするつもりです．」

T教授「君の気持ちもわからんでもない．じゃが，微分積分学の勉強を不完全なままにしておくというのは，ボクシングのボディーブローを打ち込まれた状態と似ておるのだよ．後に君が専門科目を勉強する際に，じわじわと影響が出てくるという訳じゃ．」

A君　「えっ？！　先生！　それでは，どうすればよいのですか？　このままでは……」

T教授「そうじゃの～．数学の新しい概念は授業で習うだけでは，極めて身につきにくいのじゃ．授業を受けるだけなく，自分の手を動かして演習問題を解いてみて初めて，本質的な理解が得られることになるのじゃよ．」

　筆者は理工学系学部で数学科目を講義する際に，上記のような会話を日常茶飯事のように交わしている．上記の会話からもうかがえるように，微分積分学は単に定理や公式を暗記するのでは深い理解を得ることはできない．むしろ，演習を積極的に行うことによって，臨機応変に問題を解決する能力が徐々に養われるのである．この意味から，微分積分を扱う力を養成するという目的で，本書は大学生の視点に立って企画編集され，2006年に『理工系のための解く！ 微分積分』という書名で講談社サイエンティフィクから出版された．その後，本書は多くの大学や高等専門学校で教科書や参考書として採用されたが，2013年に惜しまれながら廃版となった．しかしながら，7年の時を経て，本書は『理工系のための微分積分学』と書名を変えて近代科学社から復刊したのである．

　本書では，解説からはじまって，「例」，「解く！」，「練習問題」と続く独特のスタイルを繰り返している．まず，解説と「例」を通して，基本的な考えを身に付けた後，「解く！」で読みながら空欄を埋めることにより，数学的思考方法を体得し理解を深める．最後に，「練習問題」で著者らの手助けを借りることなく，独力で問題を解くことにより，微分積分の実力を伸ばすのである．それゆえ，ある意味で，本書は微分積分学に関する自習書とも言えよう．しかしながら，本書を自習している際に，「解く！」や「練習問題」でわからなくなった場合には，迷わず「例」に戻って熟読していただきたい．「例」にはじまり「例」に終わるのが，微分積分学を攻略するための近道なのである．

　本書は全部で4章から構成されている．第1章と第2章で，1変数関数の微分法と積分法を解説し，第3章と第4章では，多変数の微分積分を取り扱っている．各章の内容は，高等学校で数学 I，数学 II，数学 A，数学 B を履修していれば，十分理解できるように配慮してある．しかし，高等学校の数学 III にある程度以上自信がある読者には，1.1 節の双曲線関数の説明と 1.4 節を熟読した後，その後を読み飛ばして第2章から読み進めることをお勧めする．

　執筆にあたっては，第1章，第2章，第3章，第4章をそれぞれ神谷，生野，仲田，宮崎が執筆した後，神谷と生野が全体にわたって難易度を調整し，加筆修正した．また，各章では，工学

的または物理的な例をできるだけ多く示すことにより，読者に「微分積分」を身近に感じてもらえるように心がけたつもりである．本書が微分積分を道具として使いたいと思っている読者のお役に立てれば幸いである．

　最後に，本書を執筆する機会を与えてくださった東京大学の藤原毅夫名誉教授に心から感謝申し上げたい．また，山形大学の高山彰優助教には，「Mathematica」を用いた解答例のチェック，図の清書や写真撮影などに昼夜を問わず協力して頂いた．さらに，本書の復刊に際して，近代科学社の石井沙知さんと山口幸治氏には大変ご尽力頂いた．これらの人々の好意と激励の結果として，本書を世に再度送り出せるのは，筆者らにとって無常の喜びである．ここに感謝の意を表したいと思う．

2020 年 5 月
執筆者を代表して
神谷　淳

目次

第3章　　多変数関数の微分法

第4章　　多変数関数の積分法

記号と記法についての注意——「なんか違う」と思う前に

数学では，記号や記法が必ずしもすべて統一されているわけではない．そのため，読者諸君の中には，本書を読み進むにつれて，「大学で使っているテキストや講義中の板書と記法や記号が若干違う」と感じられる方がおられるかもしれない．こうした違和感を解消するために，以下では，本書で採用した記号や記法を簡単に説明しておこう．

まず，高等学校と大学で異なる記号や記法を用いている場合に対しては，本書では高等学校の数学での記号や記法に合わせている（表1参照）．不等号や部分集合の記号が例として挙げられる．さらに，集合を定義するのに，一般形と条件の間を $|$ で区切って $\{\ \ \}$ の中に書くのが高等学校の数学では一般的である．例えば，2つの集合 A と B の和集合は $A \cup B = \{x | x \in A$ または $x \in B\}$ となる．この $|$ を $:$ で置き換える記法もあるが，本書では，高等学校の記法に合わせる．

表1　高等学校と大学で異なる記号を用いる場合

記号・記法	高等学校	大学	本書
不等号	$\leqq, \geqq$	$\leq, \geq$	$\leqq, \geqq$
(真部分集合ではない) 部分集合	$\subset, \supset$	$\subseteq, \supseteq$	$\subset, \supset$
集合の定義法	$\{\ \ | \ \ \}$	$\{\ \ : \ \ \}$	$\{\ \ | \ \ \}$

次に，本書で頻繁に使われる記号の意味を表2に示しておく．これらの5種類の記号は高等学校までで既に十分慣れ親しんでいるであろうが，意味を再確認していただきたい．

表2　言語を簡略化した記号

記号	意味
$\therefore$	ゆえに，したがって
$\because$	何とならば，なぜならば
$A \equiv$ 式	左辺の記号 A を右辺の式で定義する
$p \Longrightarrow q$	p, q が命題のとき，「p ならば q」
$p \Longleftrightarrow q$	p, q が命題のとき，「p と q は同値である」

次に，本書の中で説明の都合上用いた独自の記法を述べておこう．本書では，式を変形する際，

$$\log \left(\lim_{x \to 0} (1+x)^{\frac{1}{x}} \right) \stackrel{(1.18)}{=} \log e$$

のように，等号の上に式番号が乗った記号が時折現れる．この記号は，左辺と右辺が等しいという結果を得るのに，式 (1.18) を用いたことを示している．すなわち，左辺に式番号で示した式を使えば右辺が得られるのである．もちろん，この記号は一般的なものではないから，本書を読まれるときだけの約束事と考えていただきたい．

最後に，本書の数式に用いたギリシャ文字とその読み方を表3に示しておく．表中の発音欄に記入された括弧書き（小），（大）はそれぞれ小文字と大文字を表している．もちろん，表3は本

書の中で現れたすべてのギリシャ文字を網羅しているわけではない．高等学校で既に慣れ親しんだ α, β, θ などは表中から省いてある．

表3　ギリシャ文字の読み方

ギリシャ文字	発音	ギリシャ文字	発音	ギリシャ文字	発音
γ	ガンマ（小）	ξ	グザイ（小）	χ	カイ（小）
δ	デルタ（小）	ρ	ロー（小）	Γ	ガンマ（大）
ϵ	イプシロン（小）	σ	シグマ（小）	Δ	デルタ（大）
η	イータ（小）	ϕ	ファイ（小）	Π	パイ（大）

微分法

大学の理工系学部では，解析学（微分積分）を基礎として各専門分野の理論が展開される．それゆえ，本書の到達目標は，多変数関数の微分積分を道具として使いこなすことである．多変数関数の世界に足を踏み入れる前に，本章では，高等学校で既に学んだ1変数関数の微分法を復習し，引き続いて，高次導関数，テイラーの定理やロピタルの定理といった解析学の基礎をなす部分を垣間見てみよう．

1.1　今後お付き合いのふえる関数たち

1.1.1　区間とは？

　微分法や積分法では，変数や関数の動く範囲を表すのにしばしば区間が用いられる．まず，4 種類の区間について述べておこう．

　2 つの実数 α, β ($\alpha < \beta$) に対して，不等式 $\alpha < x < \beta$ を満たす実数 x の全体を (α, β) で表し，開区間という．これに対して，不等式 $\alpha \leqq x \leqq \beta$ を満たす x の全体を $[\alpha, \beta]$ で表し，閉区間という．全く同様に，不等式 $\alpha < x \leqq \beta$ を満たす x の全体を $(\alpha, \beta]$ で表し，不等式 $\alpha \leqq x < \beta$ を満たす x の全体を $[\alpha, \beta)$ で表す．この 4 種類の (α, β), $[\alpha, \beta]$, $(\alpha, \beta]$, $[\alpha, \beta)$ を区間と総称する．

1.1.2　関数

　実数全体の集合 R の部分集合 A の中を x が動き，その値に従って実数 y の値が決まるとき，y は x の関数であるといい，$y = f(x)$ と表す．2 変数 x と y の間に $y = f(x)$ という関係があるとき，x の値を定めると y の値が定まる．この意味から，x を独立変数といい，y を従属変数と呼ぶ．また，x が変化する範囲 A を f の定義域と呼び，$y = f(x)$ に従って y が変化する範囲 V を値域と呼ぶ．例えば，$(-\frac{1}{3}, \frac{1}{2}]$ を定義域とする関数 $f(x) = x^2$ の値域は $[0, \frac{1}{4}]$ である．

　関数 f の定義域 A に含まれる任意の実数 x_1, x_2 に対して

$$x_1 \neq x_2 \qquad \Longrightarrow \qquad f(x_1) \neq f(x_2) \tag{1.1}$$

が成り立つとき，$f(x)$ は 1 対 1 の関数であるという．$f(x)$ が 1 対 1 の関数のとき，f の値域 V 内の任意の実数 y は A のただ一つの要素 x に対応付けられる．この対応を f の逆関数と呼び，$x = f^{-1}(y)$ で表す．すなわち，$f(x)$ が 1 対 1 の関数であるならば，逆関数 f^{-1} が存在する．それでは，どのような関数 $f(x)$ が 1 対 1 の関数なのであろうか？

　関数 f の定義域 A に含まれる任意の実数 x_1, x_2 に対して

$$x_1 < x_2 \qquad \Longrightarrow \qquad f(x_1) < f(x_2) \tag{1.2}$$

が成り立つとき，関数 $f(x)$ は狭義単調増加関数であるという．同様に，

$$x_1 < x_2 \qquad \Longrightarrow \qquad f(x_1) > f(x_2) \tag{1.3}$$

が成り立つとき，関数 $f(x)$ は狭義単調減少関数であるという．狭義単調増加関数と狭義単調減少関数の 2 つをまとめて狭義単調関数と呼ぶ[1]．式 (1.2) または式 (1.3) が成り立つときは，明らかに式 (1.1) が成り立つ．それゆえ，狭義単調関数は 1 対 1 の関数であり，その逆関数は必ず存在する．例えば，$x > 0$ を定義域とする関数 $f(x) = x^2$ は狭義単調増加関数であるから，$f^{-1}(x) = \sqrt{x}$ である．

---

[1]　「狭義」という接頭語の付かない単調関数というのもあるので，その定義を述べておこう．以下の定義と式 (1.2)，式 (1.3) との違いは不等号が等号を含むか否かだけなのである．
$x_1, x_2 \in A$ に対して「$x_1 < x_2 \Longrightarrow f(x_1) \leqq f(x_2)$」が成り立つとき，関数 $f(x)$ は単調増加関数であるという．同様に，「$x_1 < x_2 \Longrightarrow f(x_1) \geqq f(x_2)$」が成り立つとき，関数 $f(x)$ は単調減少関数であるという．単調増加関数と単調減少関数の 2 つをまとめて単調関数と呼ぶ．

一般に，$f(-x) = f(x)$ が成り立つとき，$f(x)$ を偶関数といい，$f(-x) = -f(x)$ が成り立つとき，$f(x)$ を奇関数という．偶関数 $y = f(x)$ のグラフは y 軸に関して線対称であり，奇関数 $y = f(x)$ のグラフは原点 O に関して点対称となる（図 1.1(a)，(b) 参照）．

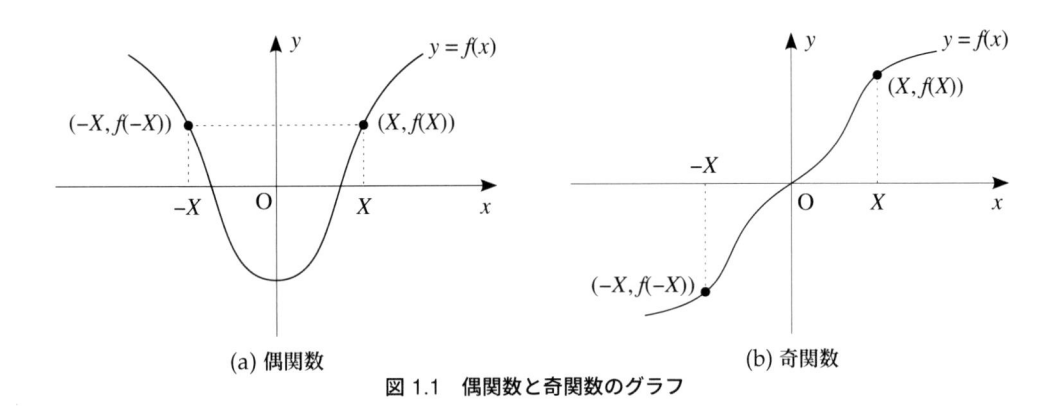

(a) 偶関数　　　　　　　　　　　　　　　(b) 奇関数

図 1.1　偶関数と奇関数のグラフ

正の定数 c に対して $f(x + c) = f(x)$ が成り立つとき，$f(x)$ を周期関数といい，c を周期と呼ぶ．一般に，周期関数 $y = f(x)$ のグラフは区間 $[\alpha, \alpha + c]$ に対するグラフが周期 c で繰り返されることになる（図 1.2 参照）．

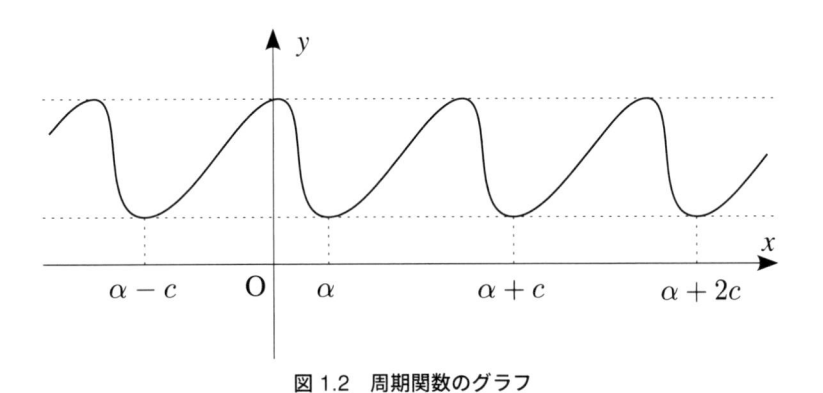

図 1.2　周期関数のグラフ

1.1.3　指数関数と対数関数

$a \neq 1$，$a > 0$ を満たす定数 a に対して，関数 $f(x) = a^x$ を a を底とする指数関数という．指数関数 $f(x) = a^x$ は $a > 1$ ならば狭義単調増加関数となり，$0 < a < 1$ ならば狭義単調減少関数となる．それゆえ，いずれの場合も逆関数が存在する．その逆関数は a を底とする対数関数と呼ばれ，$g(x) = \log_a x$ で表される．逆関数の性質から明らかなように，対数関数 $g(x) = \log_a x$ は $a > 1$ ならば狭義単調増加関数となり，$0 < a < 1$ ならば狭義単調減少関数となる．微分法や積分法では，特に，底が

$$e \equiv \lim_{n \to \infty} \left(1 + \frac{1}{n}\right)^n = 2.718281828459045\cdots$$

となる指数関数 $y = e^x$ と対数関数 $y = \log_e x$ がよく現れる．$\log_e x$ は自然対数と呼ばれ，底を省略して $\log x$ と記されることが多い[2]．

指数関数と対数関数に関する公式を以下にまとめておく．

公式

2 つの実数 x，y と $a > 0$，$a \neq 1$，$b > 0$，$b \neq 1$ に対して，次の公式が成り立つ．

$$a^{x+y} = a^x a^y, \quad a^{x-y} = \frac{a^x}{a^y}$$

$$a^{xy} = (a^x)^y, \quad (ab)^x = a^x b^x$$

$$a^0 = 1, \quad a^1 = a$$

公式

$x > 0$，$y > 0$，実数 z と $a > 0$，$a \neq 1$，$b > 0$，$b \neq 1$ に対して，次の公式が成り立つ．

$$\log_a(xy) = \log_a x + \log_a y, \quad \log_a \frac{x}{y} = \log_a x - \log_a y$$

$$\log_a x^z = z \log_a x, \quad \log_a x = \frac{\log_b x}{\log_b a}$$

$$\log_a 1 = 0, \quad \log_a a = 1$$

1.1.4　双曲線関数

指数関数と関係が深い関数として，双曲線関数[3]と呼ばれるものがある．その定義は次のとおりである．

$$\cosh x \equiv \frac{e^x + e^{-x}}{2}, \qquad \sinh x \equiv \frac{e^x - e^{-x}}{2}, \qquad \tanh x \equiv \frac{\sinh x}{\cosh x} = \frac{e^x - e^{-x}}{e^x + e^{-x}}$$

$$\operatorname{sech} x \equiv \frac{1}{\cosh x}, \qquad \operatorname{cosech} x \equiv \frac{1}{\sinh x}, \qquad \coth x \equiv \frac{1}{\tanh x}$$

$\cosh x$ は偶関数であり，$\sinh x$ と $\tanh x$ は奇関数である．双曲線関数 $\cosh x$，$\sinh x$，$\tanh x$ のグラフを図 1.3 に示す．

実は，双曲線関数 $y = \cosh x$ は身近なところに多く見られる．単位長さ当たりの質量が一定なひもの両端を固定したとき，重力の効果によってひもがなす曲線は懸垂線またはカテナリーと呼ばれ，その曲線を表す関数こそが，

$$y = a \cosh \frac{x}{a} \qquad (a > 0)$$

2　自然対数 $\log x$ を $\ln x$ と記述することもある．

3　双曲線関数は次のような読み方をする．cosh：ハイパボリック・コサイン，sinh：ハイパボリック・サイン，tanh：ハイパボリック・タンジェント，sech：ハイパボリック・セカント，cosech：ハイパボリック・コセカント，coth：ハイパボリック・コタンジェント．

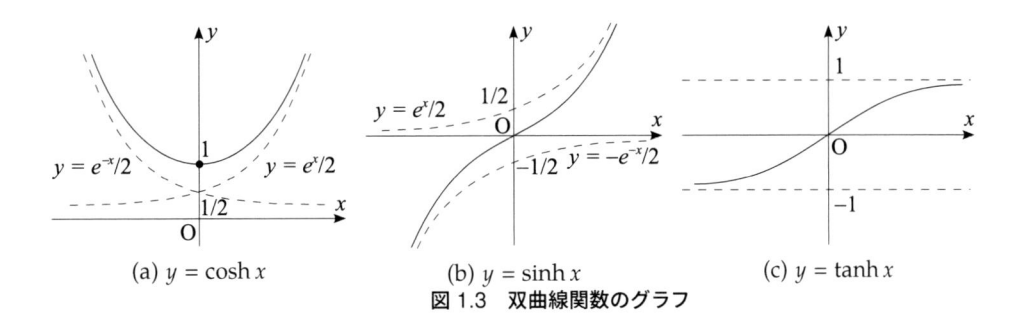

(a) $y = \cosh x$　　　　(b) $y = \sinh x$　　　　(c) $y = \tanh x$

図 1.3　双曲線関数のグラフ

なのである．図 1.4 は両端を固定した鎖がなす懸垂線を示しているが，ロープ，電線，ネックレスなども懸垂線を形づくるのである．

図 1.4　鎖がなす懸垂線

双曲線関数の性質を以下にまとめておく．

公式

$$\cosh^2 x - \sinh^2 x = 1 \tag{1.4}$$

$$1 - \tanh^2 x = \operatorname{sech}^2 x \tag{1.5}$$

加法定理

$$\sinh(x + y) = \sinh x \cosh y + \cosh x \sinh y \tag{1.6}$$

$$\cosh(x + y) = \cosh x \cosh y + \sinh x \sinh y \tag{1.7}$$

$$\tanh(x + y) = \frac{\tanh x + \tanh y}{1 + \tanh x \tanh y} \tag{1.8}$$

例 1.1

関数 $y = \sinh x$ の逆関数を求めよ．

解

 $y = \sinh x$ の逆関数は $x = \sinh y$ を満たす．この式を指数関数で表せば，$e^y - e^{-y} = 2x$.

  $\therefore\quad (e^y)^2 - 2xe^y - 1 = 0$

$e^y (> 0)$ について解くと，$e^y = x + \sqrt{x^2 + 1}$ が得られるから，$y = \log(x + \sqrt{x^2 + 1})$.

解く！

 逆関数の計算方法に慣れるために，以下の (a)～(e) を埋めよう．

◆関数 $y = \tanh x$ の逆関数を求めよ．◆

$y = \tanh x$ の逆関数は $x = \boxed{(a)}$ を満たす．この式の右辺を指数関数を用いて表せ

ば，$x = \dfrac{\boxed{(b)}}{\boxed{(c)}}$．さらに，$e^{2y}$ について解き直せば，$e^{2y} = \boxed{(d)}$．$\therefore\quad y = \boxed{(e)}$．

答え

(a) $\tanh y$ (b) $e^y - e^{-y}$ (c) $e^y + e^{-y}$

(d) $\dfrac{1 + x}{1 - x}$ (e) $\dfrac{1}{2} \log \dfrac{1 + x}{1 - x}$

1.1.5　三角関数と逆三角関数

 関数 $\sin x$, $\cos x$, $\tan x$ は既に高等学校で対面済みであろうが，三角関数にはこれら以外にも以下の 3 つがある[4].

$$\operatorname{cosec} x \equiv \frac{1}{\sin x}, \qquad \sec x \equiv \frac{1}{\cos x}, \qquad \cot x \equiv \frac{1}{\tan x}$$

$\sin x$, $\cos x$, $\sec x$, $\operatorname{cosec} x$ は 2π を周期とする周期関数であり，$\tan x$, $\cot x$ は π を周期とする周期関数である．

 三角関数が関係する公式を以下にまとめておく．

公式

$$\sin^2 x + \cos^2 x = 1, \qquad 1 + \tan^2 x = \sec^2 x, \qquad 1 + \cot^2 x = \operatorname{cosec}^2 x$$

加法定理

$$\sin(x + y) = \sin x \cos y + \cos x \sin y, \qquad \cos(x + y) = \cos x \cos y - \sin x \sin y$$

$$\tan(x + y) = \frac{\tan x + \tan y}{1 - \tan x \tan y}$$

2 倍角の公式

$$\sin 2x = 2 \sin x \cos x$$

---

4 3 つの関数は次のような読み方をする．cosec：コセカント，sec：セカント，cot：コタンジェント．

$$\cos 2x = \cos^2 x - \sin^2 x = 2\cos^2 x - 1 = 1 - 2\sin^2 x$$

$$\tan 2x = \frac{2\tan x}{1 - \tan^2 x}$$

3 倍角の公式

$$\sin 3x = 3\sin x - 4\sin^3 x, \qquad \cos 3x = 4\cos^3 x - 3\cos x$$

半角公式

$$\sin^2 \frac{x}{2} = \frac{1}{2}(1 - \cos x), \qquad \cos^2 \frac{x}{2} = \frac{1}{2}(1 + \cos x), \qquad \tan^2 \frac{x}{2} = \frac{1 - \cos x}{1 + \cos x}$$

また，三角関数の定数倍の和 $a\sin x + b\cos x$ は 1 つの三角関数として表すことができる．すなわち，$(a, b) \neq (0, 0)$ に対して，

$$a\sin x + b\cos x = \sqrt{a^2 + b^2}\sin(x + \phi) \tag{1.9}$$

が成り立つ．ただし，ϕ は $\sin\phi = \dfrac{b}{\sqrt{a^2 + b^2}}$，$\cos\phi = \dfrac{a}{\sqrt{a^2 + b^2}}$ を満たす定数である．式 (1.9) のような変形を三角関数の合成という．

例 1.2

次の関数のグラフの概形を描け．

(1) $y = \sec x$ 　　　　(2) $y = \cot x$

方針 関数 $y = f(x)$ のグラフの概形をもとにして関数 $y = \dfrac{1}{f(x)}$ のグラフを描ければよい．

解
$\sec x = \dfrac{1}{\cos x}$，$\cot x = \dfrac{1}{\tan x}$ であるから，グラフは図 1.5 と図 1.6 のようになる．

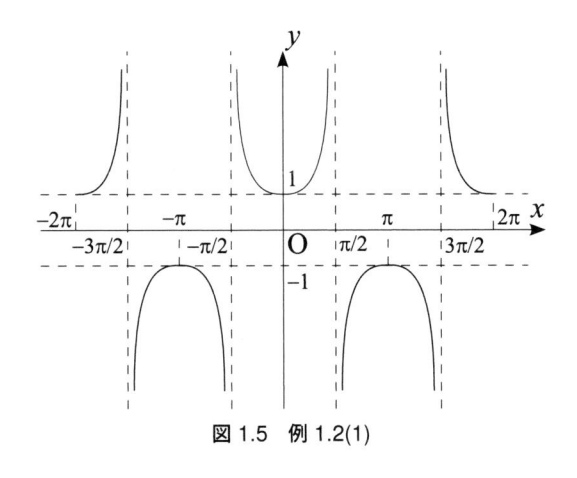

図 1.5　例 1.2(1)

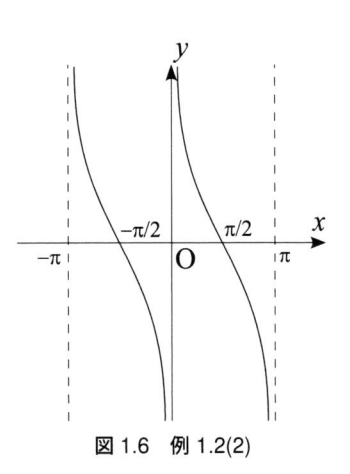

図 1.6　例 1.2(2)

$[-\frac{\pi}{2}, \frac{\pi}{2}]$ では，$y = \sin x$ は狭義単調増加関数になる．ゆえに，定義域を制限した関数 $y = \sin x$ $(-\frac{\pi}{2} \leqq x \leqq \frac{\pi}{2})$ は逆関数をもつ．この逆関数は $y = \mathrm{Arcsin}\, x$ と表され，定義域を $[-1, 1]$ とし，値域を $[-\frac{\pi}{2}, \frac{\pi}{2}]$ とする．同様に，狭義単調減少関数 $y = \cos x$ $(0 \leqq x \leqq \pi)$ の逆関数を $y = \mathrm{Arccos}\, x$ で表す．関数 $\mathrm{Arccos}\, x$ の定義域は $[-1, 1]$ であり，値域は $[0, \pi]$ である．また，狭義単調増加関数 $y = \tan x$ $(-\frac{\pi}{2} < x < \frac{\pi}{2})$ の逆関数を $y = \mathrm{Arctan}\, x$ で表す．関数 $\mathrm{Arctan}\, x$ の定義域は $(-\infty, \infty)$，値域は $(-\frac{\pi}{2}, \frac{\pi}{2})$ である．

$\mathrm{Arcsin}\, x$，$\mathrm{Arccos}\, x$，$\mathrm{Arctan}\, x$ を総称して逆三角関数と呼ぶ[5]．逆三角関数のグラフの概形を図 1.7 に示す．

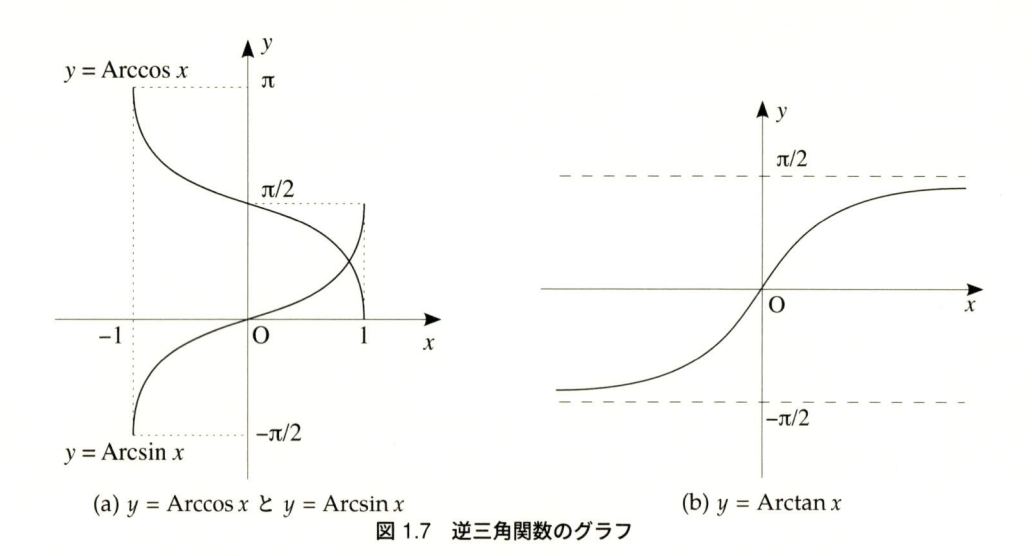

(a) $y = \mathrm{Arccos}\, x$ と $y = \mathrm{Arcsin}\, x$　　　(b) $y = \mathrm{Arctan}\, x$

図 1.7　逆三角関数のグラフ

例 1.3

次の式の値を求めよ．

(1)　$\mathrm{Arcsin}\, \dfrac{1}{2} + \mathrm{Arccos}\, \dfrac{1}{2}$　　　　　　(2)　$\mathrm{Arctan}\, \dfrac{1}{2} + \mathrm{Arctan}\, \dfrac{1}{3}$

解

(1)　$\mathrm{Arcsin}\, \dfrac{1}{2} = \dfrac{\pi}{6}$, $\mathrm{Arccos}\, \dfrac{1}{2} = \dfrac{\pi}{3}$ であるから，与式 $= \dfrac{\pi}{6} + \dfrac{\pi}{3} = \dfrac{\pi}{2}$.

(2)　$a = \mathrm{Arctan}\, \dfrac{1}{2}$, $b = \mathrm{Arctan}\, \dfrac{1}{3}$ とおくと，$0 < a < \dfrac{\pi}{2}$, $0 < b < \dfrac{\pi}{2}$. また，$\tan a = \dfrac{1}{2}$, $\tan b = \dfrac{1}{3}$ であるから，

$$\tan(a + b) = \frac{\tan a + \tan b}{1 - \tan a \tan b} = \frac{\frac{1}{2} + \frac{1}{3}}{1 - \frac{1}{2} \cdot \frac{1}{3}} = 1$$

---

[5]　逆三角関数の読み方は次のとおりである．Arcsin：アーク・サイン，Arccos：アーク・コサイン，Arctan：アーク・タンジェント．なお，$\mathrm{Arcsin}\, x$, $\mathrm{Arccos}\, x$, $\mathrm{Arctan}\, x$ はそれぞれ $\sin^{-1} x$, $\cos^{-1} x$, $\tan^{-1} x$ と記述されることもある．

$0 < a + b < \pi$ という条件の下で上式を解くことにより，与式 $= a + b = \dfrac{\pi}{4}$.

解く！

逆三角関数に慣れるため，以下の (1)(a)〜(c)，(2)(a)〜(f) を埋めよう．

◆次の式の値を求めよ．

(1)　　$\text{Arccos}\, \dfrac{1}{2} + \text{Arccos}\, \dfrac{\sqrt{3}}{2}$　　　　　(2)　　$\text{Arctan}\, 2 + \text{Arctan}\, 3$　　◆

(1)　　$\text{Arccos}\, \dfrac{1}{2} = \boxed{\text{(a)}}$，$\text{Arccos}\, \dfrac{\sqrt{3}}{2} = \boxed{\text{(b)}}$ より，与式 $= \boxed{\text{(c)}}$．

(2)　　$a = \text{Arctan}\, 2$，$b = \text{Arctan}\, 3$ とおくと，a と b は $\text{Arctan}\, x$ の値域に含まれるから，

$0 < a < \boxed{\text{(a)}}$，$0 < b < \boxed{\text{(a)}}$．　$\therefore$　$0 < a + b < \boxed{\text{(b)}}$．　一方，$\tan a = \boxed{\text{(c)}}$，$\tan b = \boxed{\text{(d)}}$

であるから，加法定理を用いると，

$$\tan(a + b) = \frac{\tan a + \tan b}{1 - \tan a \tan b} = \boxed{\text{(e)}}.$$

$0 < a + b < \boxed{\text{(b)}}$ という条件の下で上式を解けば，$a + b = \boxed{\text{(f)}}$．

答え

(1)　(a)　$\dfrac{\pi}{3}$　　　(b)　$\dfrac{\pi}{6}$　　　(c)　$\dfrac{\pi}{2}$

(2)　(a)　$\dfrac{\pi}{2}$　　　(b)　π　　　(c)　2　　　(d)　3　　　(e)　-1　　　(f)　$\dfrac{3}{4}\pi$

練習問題 1.1

[1]　関数 $y = \cosh x$　$(x > 0)$ の逆関数を求めよ．

[2]　次の等式を示せ．

(1)　　$\text{Arcsin}\, x + \text{Arccos}\, x = \dfrac{\pi}{2}$

(2)　　$0 \leqq x < 1$ のとき，$\text{Arcsin}\, x = \text{Arccos}\, \sqrt{1 - x^2} = \text{Arctan}\, \dfrac{x}{\sqrt{1 - x^2}}$

[3]　次の関数のグラフの概形を描け．

(1)　　$y = \text{sech}\, x$　　　　　(2)　　$y = \coth x$

1.2　グラフの切れ目が連続の切れ目——極限値と連続性

1.2.1　関数の極限値とは？

実数 x が定数 a に限りなく近づいたとき，関数 $f(x)$ が一定値 b に近づくことを，

$$\lim_{x \to a} f(x) = b \quad \text{または} \quad f(x) \to b \quad (x \to a)$$

で表し，$x \to a$ のとき $f(x)$ は b に収束するという．また，このとき b を $x \to a$ のときの $f(x)$ の極限値という．例えば，$\displaystyle\lim_{x \to \pi} \cos x = -1$, $\displaystyle\lim_{x \to 0} e^x = 1$ である．

実数 x が限りなく大きくなるとき，$f(x)$ が一定値 b に近づくことを，

$$\lim_{x \to \infty} f(x) = b$$

で表し，$x \to \infty$ のとき $f(x)$ は b に収束するという．また，このとき b を $x \to \infty$ のときの $f(x)$ の極限値という．全く同様に，実数 x が負の値をとりながら $|x|$ の値が限りなく大きくなるとき，$f(x)$ が一定値 b に近づくことを，

$$\lim_{x \to -\infty} f(x) = b$$

で表し，$x \to -\infty$ のとき $f(x)$ は b に収束するという．また，このとき b を $x \to -\infty$ のときの $f(x)$ の極限値という．例としては，$\displaystyle\lim_{x \to \infty} \frac{1}{x} = 0$, $\displaystyle\lim_{x \to -\infty} \frac{1}{x} = 0$ が挙げられる．

x が a に限りなく近づいたとき，$f(x)$ の値がいくらでも大きくなることを，

$$\lim_{x \to a} f(x) = \infty$$

で表し，$x \to a$ のとき $f(x)$ は正の無限大に発散するという．また，x が a に限りなく近づいたとき，$f(x)$ は負となり，かつ，その絶対値がいくらでも大きくなることを，

$$\lim_{x \to a} f(x) = -\infty$$

で表し，$x \to a$ のとき $f(x)$ は負の無限大に発散するという．全く同様に，a を ∞ または $-\infty$ で置き換えた $\displaystyle\lim_{x \to \pm\infty} f(x) = \pm\infty$（複号 $\pm$ は 4 種類のどの組み合わせでもよい）も理解できるであろう．例えば，$\displaystyle\lim_{x \to 0} \frac{-1}{x^2} = -\infty$, $\displaystyle\lim_{x \to \infty} e^x = \infty$ となる．

$x \to a$ のときの $f(x)$ が $\pm\infty$ でない有限な値になるとき，$\displaystyle\lim_{x \to a} f(x)$ が存在するという．全く同様に，$\displaystyle\lim_{x \to \infty} f(x)$ や $\displaystyle\lim_{x \to -\infty} f(x)$ が存在することも定義する．極限値に関して以下のことがいえる．

公式

$\displaystyle\lim_{x \to a} f(x)$, $\displaystyle\lim_{x \to a} g(x)$ が存在するとき，次の公式が成り立つ．

$$\text{定数 } c \text{ に対して，} \lim_{x \to a} c f(x) = c \lim_{x \to a} f(x) \tag{1.10}$$

$$\lim_{x \to a} \{f(x) + g(x)\} = \lim_{x \to a} f(x) + \lim_{x \to a} g(x) \tag{1.11}$$

$$\lim_{x \to a} f(x) g(x) = \lim_{x \to a} f(x) \cdot \lim_{x \to a} g(x) \tag{1.12}$$

$$\lim_{x \to a} g(x) \neq 0 \text{ のとき，} \lim_{x \to a} \frac{f(x)}{g(x)} = \frac{\displaystyle\lim_{x \to a} f(x)}{\displaystyle\lim_{x \to a} g(x)} \tag{1.13}$$

上記公式は a が有限であっても $\pm\infty$ の場合でも成り立つ．

例 1.4

次の極限値を求めよ.

(1) $\displaystyle\lim_{x\to\infty}(\sqrt{x^2+1}-x)$

(2) $\displaystyle\lim_{x\to3}\frac{x^2-4x+3}{3x^2-10x+3}$

方針 素直に極限値を求めようとすると，(1) では $\infty-\infty$，(2) では $\frac{0}{0}$ が現れる．このように，$\infty-\infty$，$\frac{\infty}{\infty}$，$\frac{0}{0}$，$0\cdot\infty$，1^∞，∞^0，0^0 となる極限を不定形と呼ぶ．不定形の極限を求めるには，関数を変形して，式 (1.10)〜式 (1.13) を適用できる形に直すのが普通である．この方針に従って，(1) では $\sqrt{x^2+1}-x=(\sqrt{x^2+1}-x)/1$ の分子の有理化を行い，(2) では分母と分子を因数分解してみよう．

解

(1) $\displaystyle\lim_{x\to\infty}(\sqrt{x^2+1}-x)=\lim_{x\to\infty}\frac{(\sqrt{x^2+1}-x)(\sqrt{x^2+1}+x)}{\sqrt{x^2+1}+x}=\lim_{x\to\infty}\frac{1}{\sqrt{x^2+1}+x}=0$

(2) $\displaystyle\lim_{x\to3}\frac{x^2-4x+3}{3x^2-10x+3}=\lim_{x\to3}\frac{(x-1)(x-3)}{(3x-1)(x-3)}=\lim_{x\to3}\frac{x-1}{3x-1}=\frac14$

解く！

不定形の極限値を求める手順を知るために，以下の (1)(a)〜(c)，(2)(a)〜(c) を埋めよう．

◆次の極限値を求めよ.

(1) $\displaystyle\lim_{x\to1}\frac{x^4-1}{x-1}$

(2) $\displaystyle\lim_{x\to2}\frac{x-2}{\sqrt{x(x-1)}-\sqrt{(x-3)(x-4)}}$ ◆

(1) 分子を因数分解すると，$x^4-1=\boxed{(a)}$ となるので，

$$\lim_{x\to1}\frac{x^4-1}{x-1}=\lim_{x\to1}\boxed{(b)}=\boxed{(c)}$$

(2) 分母の有理化を行うと，

$$\frac{x-2}{\sqrt{x(x-1)}-\sqrt{(x-3)(x-4)}}=\frac{(x-2)\{\sqrt{x(x-1)}+\sqrt{(x-3)(x-4)}\}}{\boxed{(a)}}=\boxed{(b)}$$

ゆえに，与式 $=\boxed{(c)}$.

答え

(1) (a) $(x-1)(x+1)(x^2+1)$　(b) $(x+1)(x^2+1)$　(c) 4

(2) (a) $x(x-1)-(x-3)(x-4)$　(b) $\dfrac{\sqrt{x(x-1)}+\sqrt{(x-3)(x-4)}}{6}$　(c) $\dfrac{\sqrt2}{3}$

1.2.2 極限の裏技（その 1）：はさみ打ちの原理

極限値が簡単には求まらない場合，その効力を遺憾（いかん）なく発揮するのが，次に示すはさみ打ちの

原理である.

はさみ打ちの原理

$\displaystyle\lim_{x \to a} f(x) = \lim_{x \to a} g(x) = b$ であり，かつ，a を含む区間内で $f(x) < h(x) < g(x)$ または $f(x) \leqq h(x) \leqq g(x)$ が成り立つならば，$\displaystyle\lim_{x \to a} h(x) = b$ が成り立つ.

例 1.5

実数 x の整数部分を $[x]$ で表すとき，$\displaystyle\lim_{x \to \infty} \frac{[x]}{x}$ を求めよ.

方針　問題文に現れた $[x]$ はガウス記号と呼ばれる. $[x] = n$ とおいて，ガウス記号の意味を不等式で表すと，$n \leqq x < n + 1$ となるから，

$$x - 1 < [x] \leqq x \tag{1.14}$$

が成り立つ. 不等式 (1.14) を用いて，はさみ打ちの原理に持ち込もう.

解

不等式 (1.14) の各辺を $x(> 0)$ で割ることにより，$1 - \dfrac{1}{x} < \dfrac{[x]}{x} \leqq 1$ が得られる.
一方，$\displaystyle\lim_{x \to \infty} \left(1 - \frac{1}{x}\right) = 1.$ ゆえに，はさみ打ちの原理によって，$\displaystyle\lim_{x \to \infty} \frac{[x]}{x} = 1.$

解く！

はさみ打ちの原理に慣れるために，以下の (1)(a)〜(f)，(2)(a)〜(f) を埋めよう.

◆次の極限値を求めよ.

(1)　$\displaystyle\lim_{x \to 0} x \sin \frac{1}{x}$　　　　(2)　$\displaystyle\lim_{x \to \infty} \frac{\tanh x}{x}$　　　　◆

(1)　三角関数の性質より，$\boxed{\text{(a)}} \leqq \left| \sin \dfrac{1}{x} \right| \leqq \boxed{\text{(b)}}$ が得られるから，$\boxed{\text{(c)}} \leqq \left| x \sin \dfrac{1}{x} \right| \leqq$ $\boxed{\text{(d)}}$. 一方，$\displaystyle\lim_{x \to 0} \boxed{\text{(d)}} = \boxed{\text{(e)}}$ であるから，はさみ打ちの原理により，$\displaystyle\lim_{x \to 0} x \sin \frac{1}{x} = \boxed{\text{(f)}}$.

(2)　双曲線関数の性質より，$\boxed{\text{(a)}} \leqq |\tanh x| \leqq \boxed{\text{(b)}}$ が知られているから，$\boxed{\text{(c)}} \leqq \left| \dfrac{\tanh x}{x} \right| \leqq \boxed{\text{(d)}}$. 一方，$\displaystyle\lim_{x \to \infty} \boxed{\text{(d)}} = \boxed{\text{(e)}}$ であるから，はさみ打ちの原理により，$\displaystyle\lim_{x \to \infty} \frac{\tanh x}{x} = \boxed{\text{(f)}}$.

答え

(1)	(a)	0	(b)	1	(c)	0	(d)	$|x|$	(e)	0	(f)	0
(2)	(a)	0	(b)	1	(c)	0	(d)	$\left|\dfrac{1}{x}\right|$	(e)	0	(f)	0

1.2.3 関数が連続とは？

　数直線上で x を a の右側から近づけることを $x \to a+0$ で表し，数直線上で x を a の左側から近づけることを $x \to a-0$ で表す．特に，$x \to 0+0$ は $x \to +0$，$x \to 0-0$ は $x \to -0$ と略記するのが普通である．$x \to a+0$ のときの $f(x)$ の極限値を $f(x)$ の右側極限値といい，$\displaystyle\lim_{x \to a+0} f(x)$ で表すのに対して，$x \to a-0$ のときの $f(x)$ の極限値を $f(x)$ の左側極限値といい，$\displaystyle\lim_{x \to a-0} f(x)$ で表す．さらに，$\displaystyle\lim_{x \to a+0} f(x) = f(a)$ が成り立つとき，$f(x)$ は $x = a$ で右側連続であるといい，$\displaystyle\lim_{x \to a-0} f(x) = f(a)$ が成り立つとき，$f(x)$ は $x = a$ で左側連続であるという．

　関数 $f(x)$ が $x = a$ で連続であるとは，$\displaystyle\lim_{x \to a} f(x) = f(a)$ が成り立つことをいう．グラフの形からいえば，$f(x)$ のグラフが $x = a$ を境に切れている場合，$f(x)$ は $x = a$ で不連続であり，グラフが $x = a$ でつながっている場合，$f(x)$ は $x = a$ で連続である（図 1.8(a)，(b) 参照）．また，関数 $f(x)$ が $x = a$ で連続であるための必要十分条件は，関数 $f(x)$ が $x = a$ で右側連続であり，かつ，左側連続であることである．特に，関数 $f(x)$ が区間 I に属するすべての点で連続になるとき，$f(x)$ は区間 I で連続であるという．

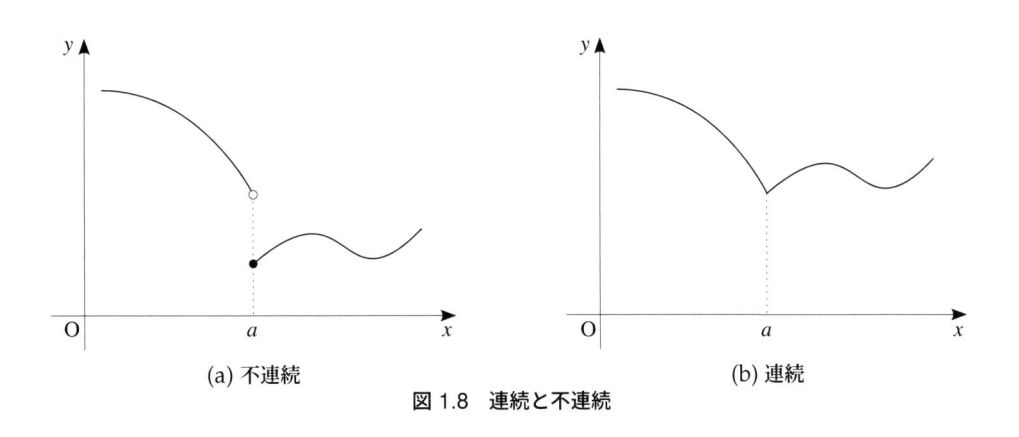

(a) 不連続　　　　　　　　　　(b) 連続

図 1.8　連続と不連続

　重要な極限値として，以下の 4 つの公式を挙げておく．これらの公式は，関数の連続性と組み合わされ，不定形の極限値を計算する際に頻繁に用いられる．

公式

$$\lim_{x \to 0} \frac{\sin x}{x} = 1 \tag{1.15}$$

$$\lim_{x \to \infty} \frac{x^\alpha}{e^x} = 0 \qquad (\alpha > 0) \tag{1.16}$$

$$\lim_{x \to \infty} \frac{x^\alpha}{\log x} = \infty \qquad (\alpha > 0) \tag{1.17}$$

$$\lim_{x \to \infty} \left(1 + \frac{1}{x}\right)^x = e \tag{1.18}$$

例 1.6

次の極限値を求めよ.

(1) $\displaystyle \lim_{x \to 0} \frac{1 - \cos x}{x^2}$ (2) $\displaystyle \lim_{x \to +0} x^\alpha \log x \quad (\alpha > 0)$ (3) $\displaystyle \lim_{x \to 0} \frac{\log(1 + x)}{x}$

解

(1)

$$\frac{1 - \cos x}{x^2} = \frac{(1 - \cos x)(1 + \cos x)}{x^2(1 + \cos x)} = \left(\frac{\sin x}{x}\right)^2 \frac{1}{1 + \cos x}$$

上式を用いると,

$$\lim_{x \to 0} \frac{1 - \cos x}{x^2} = \lim_{x \to 0} \left(\frac{\sin x}{x}\right)^2 \frac{1}{1 + \cos x} \overset{(1.15)}{=} \frac{1}{2}.$$

(2) $x = \dfrac{1}{y}$ とおくと, $x \to +0$ のとき $y \to \infty$ となるから,

$$\lim_{x \to +0} x^\alpha \log x = -\lim_{y \to \infty} \frac{\log y}{y^\alpha} \overset{(1.17)}{=} 0.$$

(3)

$$\lim_{x \to 0} \frac{\log(1 + x)}{x} = \lim_{x \to 0} \log(1 + x)^{\frac{1}{x}} = \log\left(\lim_{x \to 0}(1 + x)^{\frac{1}{x}}\right) \overset{(1.18)}{=} \log e = 1$$

解く！

公式 (1.15)〜(1.18) に慣れるために, 以下の (1)(a)〜(d), (2)(a)〜(d) を埋めよう.

◆次の極限値を求めよ.

(1) $\displaystyle \lim_{x \to 0} \frac{\text{Arcsin}\, x}{x}$ (2) $\displaystyle \lim_{x \to 0} \frac{e^x - 1}{x}$ ◆

(1) $\text{Arcsin}\, x = t$ とおくと, $x = \boxed{\text{(a)}}$ となり, しかも, $x \to 0$ のとき $t \to \boxed{\text{(b)}}$.

$$\therefore \quad \lim_{x \to 0} \frac{\text{Arcsin}\, x}{x} = \lim_{t \to \boxed{\text{(b)}}} \boxed{\text{(c)}} \overset{(1.15)}{=} \boxed{\text{(d)}}$$

(2) $e^x - 1 = t$ とおくと, $x = \boxed{\text{(a)}}$ となり, しかも, $x \to 0$ のとき $t \to \boxed{\text{(b)}}$.

$$\therefore \quad \lim_{x \to 0} \frac{e^x - 1}{x} = \lim_{t \to \boxed{\text{(b)}}} \frac{1}{\boxed{\text{(c)}}} \overset{(1.18)}{=} \boxed{\text{(d)}}$$

答え

(1)　(a)　$\sin t$　　　　(b)　0　　　(c)　$\dfrac{t}{\sin t}$　　　(d)　1

(2)　(a)　$\log(1 + t)$　　　(b)　0　　　(c)　$\log(1 + t)^{\frac{1}{t}}$　　　(d)　1

例 1.7

次の関数の連続性を調べよ.

$$f(x) = \begin{cases} x \tanh \dfrac{1}{x} & (x \neq 0) \\ 1 & (x = 0) \end{cases}$$

解

x, $\tanh \dfrac{1}{x}$ は $x \neq 0$ で連続であるから, $f(x)$ は $x \neq 0$ で連続である. また, 不等式:

$$0 \leqq \left| x \tanh \frac{1}{x} \right| \leqq |x|$$

が成り立つから, はさみ打ちの原理より,

$$\lim_{x \to 0} f(x) = \lim_{x \to 0} x \tanh \frac{1}{x} = 0$$

$$\therefore \quad \lim_{x \to 0} f(x) \neq f(0)$$

したがって, $f(x)$ は $x = 0$ で不連続である.

解く！

関数の連続性のチェック方法に慣れるために, 以下の (a)〜(d) を埋めよう.

◆次の関数の連続性を調べよ.

$$f(x) = \begin{cases} e^{-\frac{1}{x}} & (x > 0) \\ 0 & (x \leqq 0) \end{cases} \qquad \blacklozenge$$

$e^{-\frac{1}{x}}$, 0 は $x \neq 0$ で $\boxed{\text{(a)}}$ であるから, $f(x)$ は $x \neq 0$ で $\boxed{\text{(a)}}$ である. また,

$$\lim_{x \to +0} f(x) = \lim_{x \to +0} \boxed{\text{(b)}} = \boxed{\text{(c)}}, \qquad \lim_{x \to -0} f(x) = \boxed{\text{(c)}}$$

$$\therefore \quad \lim_{x \to +0} f(x) = \lim_{x \to -0} f(x)$$

したがって, $f(x)$ は $x = 0$ で $\boxed{\text{(d)}}$ である.

答え

(a) 連続 (b) $e^{-\frac{1}{x}}$ (c) 0 (d) 連続

練習問題 1.2

[1] 次の極限値を求めよ.

(1) $\displaystyle\lim_{x\to2}\frac{x^2-4}{x^3-x^2-x-2}$ (2) $\displaystyle\lim_{x\to\infty}\left(\sqrt{x^2+ax+a^2}-\sqrt{x^2-ax+a^2}\right)$ $(a\neq0)$

(3) $\displaystyle\lim_{x\to0}\frac{3-4\cos x+\cos2x}{x^4}$ (4) $\displaystyle\lim_{x\to0}\frac{a^x-1}{x}$ $(0<a\neq1)$

[2] $a>0$ とするとき, はさみ打ちの原理を用いて, 次の極限値を求めよ. ただし, $[x]$ はガウス記号である.

$$\lim_{x\to\infty}\frac{\left[\sqrt{x^2+ax}\right]-\sqrt{ax}}{x}$$

[3] 開区間 $(-\frac{\pi}{2},\frac{3\pi}{2})$ を定義域とする関数:

$$f(x)=\begin{cases}\left(\dfrac{\pi}{2}-x\right)\tan x & (x\neq\dfrac{\pi}{2})\\[2mm]1 & (x=\dfrac{\pi}{2})\end{cases}$$

の連続性を調べよ.

1.3 微分のテクニシャンになろう——種々の導関数

1.3.1 微分係数

関数 $f(x)$ に対して, 2つの極限:

$$f'_+(a)\equiv\lim_{h\to+0}\frac{f(a+h)-f(a)}{h}=\lim_{x\to a+0}\frac{f(x)-f(a)}{x-a}\tag{1.19}$$

$$f'_-(a)\equiv\lim_{h\to-0}\frac{f(a+h)-f(a)}{h}=\lim_{x\to a-0}\frac{f(x)-f(a)}{x-a}\tag{1.20}$$

が存在するとき, これらの値をそれぞれ $x=a$ における $f(x)$ の右側微分係数, 左側微分係数という. また, 極限:

$$\lim_{h\to0}\frac{f(a+h)-f(a)}{h}=\lim_{x\to a}\frac{f(x)-f(a)}{x-a}\tag{1.21}$$

が存在するとき, $f(x)$ は $x=a$ で微分可能であるという. このとき, 式 (1.21) の値を $x=a$ における $f(x)$ の微分係数といい, $f'(a)$ で表す. 関数 $f(x)$ が $x=a$ で微分可能であるための必要十分条件は $f'_+(a)=f'_-(a)$ である.

幾何学的には, 微分係数 $f'(a)$ は曲線 $C:y=f(x)$ 上の点 $\mathrm{P}(a,f(a))$ における接線の傾きを表す. それゆえ, $f(x)$ が $x=a$ で微分可能ならば, $\mathrm{P}(a,f(a))$ において C の接線が引けることになる.

1.3.2 導関数

関数 $y = f(x)$ が区間 I に属するすべての点で微分可能であるとき，$f(x)$ は区間 I で微分可能であるという．このとき，区間 I 内の x に微分係数 $f'(x)$ を対応付けてできる関数を $f(x)$ の導関数といい，y', $f'(x)$, $\dfrac{dy}{dx}$, $\dfrac{df}{dx}$, $\dfrac{d}{dx}f$ で表す．また，関数 $f(x)$ から導関数 $f'(x)$ を求めることを，$f(x)$ を微分するという．微分演算の性質と重要な導関数を以下に挙げておく．

公式

微分可能な 2 つの関数 $f(x)$, $g(x)$ と定数 c に対して，次の公式が成り立つ．

$$\frac{d}{dx}(cf) = c\frac{df}{dx}, \qquad \frac{d}{dx}(f+g) = \frac{df}{dx} + \frac{dg}{dx}, \qquad \frac{d}{dx}(fg) = \frac{df}{dx}g + f\frac{dg}{dx}$$

$$\frac{d}{dx}\left(\frac{f}{g}\right) = \left(\frac{df}{dx}g - f\frac{dg}{dx}\right)\bigg/g^2$$

公式

実数 α と $a > 0$, $a \neq 1$ に対して，次の公式が成り立つ．

べき乗関数

$$(x^\alpha)' = \alpha x^{\alpha-1}$$

指数関数と対数関数

$$(e^x)' = e^x, \qquad (a^x)' = a^x \log a, \qquad (\log|x|)' = \frac{1}{x}, \qquad (\log_a|x|)' = \frac{1}{x\log a}$$

三角関数

$$(\sin x)' = \cos x, \qquad (\cos x)' = -\sin x, \qquad (\tan x)' = \sec^2 x, \qquad (\cot x)' = -\mathrm{cosec}^2 x$$

双曲線関数

$$(\sinh x)' = \cosh x, \qquad (\cosh x)' = \sinh x, \qquad (\tanh x)' = \mathrm{sech}^2 x$$

$y = f(x)$ の形をした関数の導関数だけでなく，合成関数や逆関数の導関数を求めることもできる．その際利用できる公式を 4 つ挙げておこう．微分のテクニシャンになるためには，これらの 4 つの公式は必要不可欠である．

1. 【合成関数の微分法】微分可能な関数 $y = f(u)$ の変数 u が x の微分可能な関数として $u = u(x)$ と表されているとき，合成関数 $y = f(u(x))$ も微分可能であり，その導関数は次式で表せる．

$$\frac{dy}{dx} = \frac{dy}{du} \cdot \frac{du}{dx} \tag{1.22}$$

2. 【逆関数の微分法】ある区間で関数 $y = f(x)$ が微分可能であり，かつ，狭義単調関数であるならば，関数 $y = f(x)$ の逆関数 $x = f^{-1}(y)$ が存在し，その導関数は次式で表される．

$$\frac{dx}{dy} = \frac{1}{\dfrac{dy}{dx}} \tag{1.23}$$

3. 【対数微分法】関数 $f(x)$ が微分可能であるとき，$f(x) \neq 0$ ならば，次式が成り立つ．

$$(\log |f(x)|)' = \frac{f'(x)}{f(x)} \tag{1.24}$$

4. 【媒介変数で表された関数の微分法】y が t を媒介変数とする x の関数であり，$x = g(t)$，$y = f(t)$ のように表されるとき，その導関数 $\dfrac{dy}{dx}$ は次式で求められる．

$$\frac{dy}{dx} = \frac{\dfrac{dy}{dt}}{\dfrac{dx}{dt}} = \frac{f'(t)}{g'(t)} \tag{1.25}$$

例 1.8

関数 $f(x) = x + |x|$ の微分可能性を調べよ．

方針 関数 $f(x)$ は，$p(a) = q(a)$ を満たす微分可能な 2 つの関数 $p(x)$ と $q(x)$ を用いて，

$$f(x) = \begin{cases} p(x) & (x > a) \\ q(x) & (x \leqq a) \end{cases}$$

のように書き直すことができる．ゆえに，$f(x)$ の右側微分係数と左側微分係数は

$$f'_+(a) = \lim_{h \to +0} \frac{p(a + h) - p(a)}{h} = p'(a), \qquad f'_-(a) = \lim_{h \to -0} \frac{q(a + h) - q(a)}{h} = q'(a)$$

のように表せる．したがって，次の命題が成り立つ．

$$f(x) \text{ が } x = a \text{ で微分可能} \iff f'_+(a) = f'_-(a) \iff p'(a) = q'(a)$$

つまり，このタイプの問題では 2 つの微分係数 $p'(a)$ と $q'(a)$ を比較すればよいのである．

解

$$f(x) = \begin{cases} 2x & (x > 0) \\ 0 & (x \leqq 0) \end{cases}$$

であるから，$f(x)$ は $x \neq 0$ で微分可能である．それゆえ，$x = 0$ における微分可能性だけを調べればよい．

$$f'_+(0) = \lim_{x \to 0}(2x)' = 2, \qquad f'_-(0) = \lim_{x \to 0}(0)' = 0$$

ゆえに，$f'_+(0) \neq f'_-(0)$ であるから，$f(x)$ は $x = 0$ で微分不可能である．したがって，$f(x)$ は $x = 0$ 以外で微分可能である．

解く！

関数の微分可能性のチェック方法に慣れるために，以下の (a)〜(h) を埋めよう.

◆次の関数の微分可能性を調べよ.

$$f(x) = \begin{cases} \dfrac{x}{1 + e^x} & (x > 0) \\ \dfrac{x}{2} & (x \leqq 0) \end{cases} \qquad \blacklozenge$$

$f(x)$ は $x \neq 0$ で微分可能であるから，$x = 0$ における微分可能性だけを調べればよい.

$$f'_+(0) = \lim_{x \to 0} \left(\boxed{\text{(a)}} \right)' = \lim_{x \to 0} \frac{\boxed{\text{(b)}}}{(1 + e^x)^2} = \boxed{\text{(c)}}$$

$$f'_-(0) = \lim_{x \to 0} \left(\boxed{\text{(d)}} \right)' = \boxed{\text{(e)}}$$

ゆえに，$f'_+(0) \boxed{\text{(f)}} f'_-(0)$ であるから，$f(x)$ は $x = 0$ で $\boxed{\text{(g)}}$．したがって，$f(x)$ は $\boxed{\text{(h)}}$.

答え

(a) $\dfrac{x}{1 + e^x}$　　　(b) $1 + e^x - xe^x$　　　(c) $\dfrac{1}{2}$　　(d) $\dfrac{x}{2}$　　(e) $\dfrac{1}{2}$

(f) $=$　　　(g) 微分可能である　　　(h) すべての x において微分可能である

例 1.9

次の関数を微分せよ.

(1)　$y = \cos(\cos x)$　　　(2)　$y = \mathrm{Arcsin}\, x$　　　(3)　$y = x^x$

方針　(1) には合成関数の微分法 (1.22) を，(2) には逆関数の微分法 (1.23) を適用する.　(3) では，与式の両辺の対数をとった後，式 (1.24) を用いて微分する. このようにして導関数 y' を求める方法を対数微分法という.

解
(1)　合成関数の微分法を用いて，$y' = -\sin(\cos x) \cdot (\cos x)' = \sin(\cos x) \cdot \sin x$.

(2)　$y = \mathrm{Arcsin}\, x \iff x = \sin y \quad \left(|y| \leqq \dfrac{\pi}{2} \right)$

$\dfrac{dx}{dy}$ を求めると，

$$\frac{dx}{dy} = \cos y = \sqrt{1 - \sin^2 y} \quad \left(\because \quad |y| \leqq \frac{\pi}{2} \text{より} \cos y \geqq 0 \right)$$

$$= \sqrt{1 - x^2}$$

となるから，

$$\frac{dy}{dx} = \frac{1}{\dfrac{dx}{dy}} = \frac{1}{\sqrt{1-x^2}}.$$

(3)　与式の両辺の対数をとると，$\log y = x \log x$. この式の両辺を x で微分すれば，$y'/y = \log x + 1$.

$$\therefore \quad y' = y(\log x + 1) = x^x(1 + \log x)$$

解く！

　合成関数や逆関数の微分法や対数微分法に慣れるために，以下の (1)(a)〜(b)，(2)(a)〜(c)，(3)(a)〜(c) を埋めよう.

◆次の関数を微分せよ.

(1)　$y = \sqrt{a + \sqrt{x}}$　　　(2)　$y = \text{Arctan}\, x$　　　(3)　$y = (\log x)^x$ ◆

(1)　合成関数の微分法を用いると，$y' = \dfrac{(a + \sqrt{x})'}{\boxed{\text{(a)}}} = \boxed{\text{(b)}}$.

(2)　$y = \text{Arctan}\, x \Longleftrightarrow \boxed{\text{(a)}}$

$\dfrac{dx}{dy}$ を y の式で表すと，$\dfrac{dx}{dy} = \boxed{\text{(b)}}$ となるから，右辺を x で書き直すことにより，$\dfrac{dx}{dy} = \boxed{\text{(c)}}$ が得られる.

$$\therefore \quad \frac{dy}{dx} = \frac{1}{\dfrac{dx}{dy}} = \frac{1}{\boxed{\text{(c)}}}$$

(3)　与式の両辺の対数をとると，$\log y = \boxed{\text{(a)}}$. この式の両辺を x で微分すれば，

$y'/y = \left(\boxed{\text{(a)}}\right)' = \boxed{\text{(b)}}$.

$$\therefore \quad y' = y\left(\boxed{\text{(b)}}\right) = \boxed{\text{(c)}}$$

答え

(1)　(a)　$2\sqrt{a + \sqrt{x}}$　　　(b)　$\dfrac{1}{4\sqrt{a + \sqrt{x}}\sqrt{x}}$

(2)　(a)　$x = \tan y \quad \left(|y| < \dfrac{\pi}{2}\right)$　　　(b)　$\sec^2 y$　　　(c)　$1 + x^2$

(3)　(a)　$x \log(\log x)$　　　(b)　$\log(\log x) + \dfrac{1}{\log x}$　　　(c)　$(\log x)^x \left\{\log(\log x) + \dfrac{1}{\log x}\right\}$

例 1.10

　古生代から中生代にかけて，アンモナイトと呼ばれる殻付きの生物が海中に生息していた. 図 1.9(a) はその化石の写真であるが，アンモナイトの殻がうずまき状の曲線をなしているのが分かる. 一方，図 1.9(b) は対数うずまき線と呼ばれる曲線であり，その方程式は媒介変数 t を用いて，

$$x = e^{-ct} \cos t, \qquad y = e^{-ct} \sin t$$

のように表せる[6]. ここで, $c > 0$ である. 2つの図より, アンモナイトの殻の輪郭線と対数うずまき線とが極めてよく似ているのが分かるであろう. 実は, ほとんどの巻貝の輪郭線は対数うずまき線で表されるのである. 対数うずまき線を表す関数について, 導関数 $\dfrac{dy}{dx}$ を t の式で表せ.

(a) アンモナイトの化石

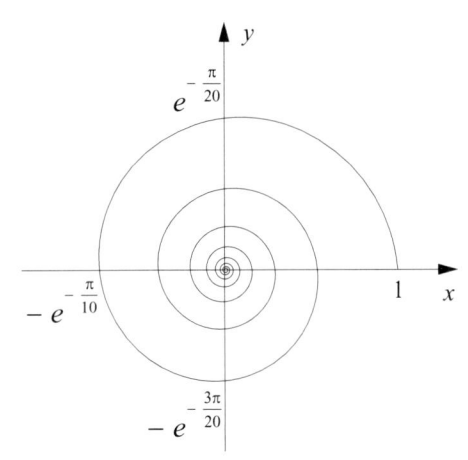

(b) 対数うずまき線. ただし, $c = 1/10$.

図 1.9　アンモナイトの化石と対数うずまき線

解

$\dfrac{dx}{dt} = -e^{-ct}(c \cos t + \sin t), \ \dfrac{dy}{dt} = e^{-ct}(\cos t - c \sin t)$ を用いると,

$$\frac{dy}{dx} \overset{(1.25)}{=} \frac{\dfrac{dy}{dt}}{\dfrac{dx}{dt}} = \frac{c \sin t - \cos t}{\sin t + c \cos t}.$$

解く！

媒介変数で表された関数の微分法に慣れるために, 以下の (a)〜(c) を埋めよう.

◆ y が t を媒介変数とする x の関数であり,

$$x = \frac{2at^2}{1 + t^2}, \qquad y = \frac{2at^3}{1 + t^2}$$

で定義されている. $t \neq 0$ のとき, 導関数 $\dfrac{dy}{dx}$ を t の式で表せ. ただし, $a \neq 0$ とする. ◆

6　一般に, xy 平面上にある点 $\mathrm{P}(x, y)$ の座標が変数 t の連続関数として

$$x = g(t), \ y = f(t) \quad (a \leqq t \leqq b) \tag{$*$}$$

のように表されるとき, t の変化に伴い点 P は曲線 C を描く. このとき, $(*)$ を曲線 C の媒介変数表示といい, t を媒介変数と呼ぶ.

$$\frac{dx}{dt} = \boxed{\text{(a)}}, \quad \frac{dy}{dt} = \boxed{\text{(b)}} \text{ を用いると,}$$

$$\frac{dy}{dx} \overset{(1.25)}{=} \frac{\dfrac{dy}{dt}}{\dfrac{dx}{dt}} = \boxed{\text{(c)}}.$$

答え

(a) $\dfrac{4at}{(1 + t^2)^2}$
(b) $\dfrac{2at^2(3 + t^2)}{(1 + t^2)^2}$
(c) $\dfrac{1}{2}t(3 + t^2)$

1.3.3　高次導関数

関数 $y = f(x)$ の導関数 $f'(x)$ 自身が微分可能ならば, $f'(x)$ の導関数を考えることができる. この導関数を 2 次導関数または 2 階導関数といい, y'', $f''(x)$, $\dfrac{d^2 y}{dx^2}$, $\dfrac{d^2 f}{dx^2}$, $\dfrac{d^2}{dx^2}f$ で表す. さらに, 2 次導関数が微分可能ならば 3 次導関数も考えられる. この操作を繰り返せば, 自然数 n に対して n 次導関数または n 階導関数を定義できる. n 次導関数は, $y^{(n)}$, $f^{(n)}(x)$, $\dfrac{d^n y}{dx^n}$, $\dfrac{d^n f}{dx^n}$, $\dfrac{d^n}{dx^n}f$ で表される. この表現方法では, 特に $n = 0$ の場合について $y^{(0)} \equiv y$, $f^{(0)}(x) \equiv f(x)$ と約束する.

n 次導関数 $f^{(n)}(x)$ が存在するとき, $f(x)$ は n 回微分可能であるという. さらに, $f(x)$ が n 回微分可能で, かつ, $f^{(n)}(x)$ が連続であるとき, $f(x)$ は n 回連続微分可能であるというか, または, $f(x)$ は C^n 級であるという. 特に, 関数 $f(x)$ が何回でも微分可能であり, かつ, すべての n 次導関数が連続であるとき, $f(x)$ は C^∞ 級であるという.

n 次導関数に関する重要な公式を以下に列挙しておく.

公式

実数 $a \neq 0$, b と n 回微分可能な関数 $f(x)$ に対して, 次の公式が成り立つ.

$$\frac{d^n}{dx^n}(\sin x) = \sin\left(x + \frac{n\pi}{2}\right) \tag{1.26}$$

$$\frac{d^n}{dx^n}(\cos x) = \cos\left(x + \frac{n\pi}{2}\right) \tag{1.27}$$

$$\frac{d^n}{dx^n}f(ax + b) = a^n f^{(n)}(ax + b) \tag{1.28}$$

例 1.11

自動車レースの F1 日本グランプリやスーパーフォーミュラは鈴鹿サーキットで開催されている. これらのレースで使用されているのは, 図 1.10 に示す国際レーシングコースである. これはメインストレートから S 字コーナー, ヘアピンカーブ, 200R, スプーンカーブ, 130R, 最終コーナーを順に経てメインストレートに戻ってくる全長約 5800 m のコースである. 図中にある 130R は曲率半径 130 m のカーブを意味している. 曲率半径とはコースを表す曲線に接する円

の半径のことであり，曲率半径が大きいほどコースは直線に近く，小さいほどコースは大きく曲がっている．実は，この曲率半径は導関数と 2 次導関数から簡単に計算できるのである．実際，コースを表す曲線の方程式が $y = f(x)$ であるとき，曲率半径は，

$$R(x) = \left| \frac{[1 + \{f'(x)\}^2]^{3/2}}{f''(x)} \right| \tag{1.29}$$

で与えられる．公式 (1.29) を用いて，楕円形コースを表す曲線：

$$y = b\sqrt{1 - \left(\frac{x}{a}\right)^2}$$

の曲率半径 $R(x)$ を求めよ．ただし，$a > 0,\ b > 0$ とする．

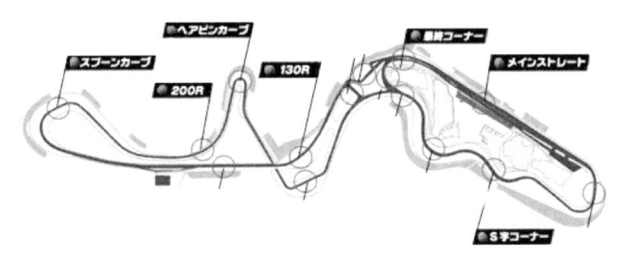

（株）モビリティランド 提供

図 1.10 鈴鹿サーキットの国際レーシングコース

解

$f(x) = b\sqrt{1 - \left(\frac{x}{a}\right)^2}$ とおくと，

$$f'(x) = -\frac{b}{a} \frac{\frac{x}{a}}{\sqrt{1 - \left(\frac{x}{a}\right)^2}}, \qquad f''(x) = -\frac{b}{a^2} \frac{1}{\left\{1 - \left(\frac{x}{a}\right)^2\right\}^{3/2}}.$$

$$\therefore \quad 1 + \{f'(x)\}^2 = \frac{1 + \frac{b^2 - a^2}{a^2}\left(\frac{x}{a}\right)^2}{1 - \left(\frac{x}{a}\right)^2}$$

上記の式を曲率半径の公式 (1.29) に代入すれば，

$$R(x) = \frac{a^2}{b}\left\{1 + \frac{b^2 - a^2}{a^2}\left(\frac{x}{a}\right)^2\right\}^{3/2}.$$

例 1.12

次の関数の n 次導関数を求めよ．

(1) $y = \dfrac{1}{x^2 + 5x + 6}$ \qquad (2) $y = \cos^2 x$

解

(1)　与えられた関数を部分分数に分解して，$y = \dfrac{1}{x+2} - \dfrac{1}{x+3}$. $y_1 = \dfrac{1}{x+2}$, $y_2 = \dfrac{1}{x+3}$ とおくと，

$y_1' = -(x+2)^{-2}, y_1'' = (-1)(-2)(x+2)^{-3}, \cdots, y_1{}^{(n)} = (-1)^n n!\,(x+2)^{-(n+1)}$.

同様にして，$y_2{}^{(n)} = (-1)^n n!\,(x+3)^{-(n+1)}$.

$$\therefore \quad y^{(n)} = y_1{}^{(n)} - y_2{}^{(n)} = (-1)^n n!\,\{(x+2)^{-(n+1)} - (x+3)^{-(n+1)}\}$$

(2)　三角関数の半角公式より，$y = \dfrac{1}{2}(1 + \cos 2x)$.

$$\therefore \quad y^{(n)} = \frac{1}{2}\frac{d^n}{dx^n}(1 + \cos 2x) = \frac{1}{2}\frac{d^n}{dx^n}(\cos 2x) \overset{(1.28)}{=} 2^{n-1}\cos\left(2x + \frac{n\pi}{2}\right) \qquad (*)$$

$(*)$ の第 1 等号では，$\dfrac{d^n}{dx^n}1 = 0$ を用いている．それゆえ，$(*)$ は $n \geq 1$ で成り立つ．

解く！

n 次導関数の計算方法に慣れるために，以下の (a)〜(d) を埋めよう．

◆関数 $y = \sin^3 x$ の n 次導関数を求めよ．◆

三角関数の 3 倍角の公式を用いて，三角関数のべき乗を含まないように y を変形すれば，

$y = \dfrac{1}{4}(3\boxed{\text{(a)}} - \boxed{\text{(b)}})$. $y_1 = \boxed{\text{(a)}}$, $y_2 = \boxed{\text{(b)}}$ とおくと，$y_1{}^{(n)} = \boxed{\text{(c)}}$, $y_2{}^{(n)} \overset{(1.28)}{=} \boxed{\text{(d)}}$.

$$\therefore \quad y^{(n)} = \frac{1}{4}(3y_1{}^{(n)} - y_2{}^{(n)}) = \frac{1}{4}\left\{3\boxed{\text{(c)}} - \boxed{\text{(d)}}\right\}$$

答え

(a)　$\sin x$　　　　(b)　$\sin 3x$　　　　(c)　$\sin\left(x + \dfrac{n\pi}{2}\right)$　　　　(d) $3^n \sin\left(3x + \dfrac{n\pi}{2}\right)$

関数 $f(x)$ と $g(x)$ が n 回微分可能ならば，関数 $y = f(x)\,g(x)$ の n 次導関数について，以下の公式が成り立つ．

$$y^{(n)} = \sum_{r=0}^{n} {}_nC_r f^{(n-r)}(x)\,g^{(r)}(x) \tag{1.30}$$

ただし，${}_nC_r$ は 2 項係数であり，

$$ {}_nC_r \equiv \frac{n!}{(n-r)!\,r!}$$

で定義されている．式 (1.30) はライプニッツの公式と呼ばれる．

例 1.13

関数 $y = x^3 e^{-x}$ の n 次導関数を求めよ．

解

$f(x) = e^{-x}$, $g(x) = x^3$ とおくと,

$$f^{(k)} = (-1)^k e^{-x} \quad (k \geq 0),$$

$$g' = 3x^2, \qquad g'' = 6x, \qquad g''' = 6, \qquad g^{(r)} = 0 \quad (r \geq 4).$$

上式をライプニッツの公式に代入すれば,

$$y^{(n)} = f^{(n)}g + {}_nC_1 f^{(n-1)}g' + {}_nC_2 f^{(n-2)}g'' + {}_nC_3 f^{(n-3)}g'''$$

$$= (-1)^n e^{-x}\{x^3 - 3nx^2 + 3n(n-1)x - n(n-1)(n-2)\}. \tag{*}$$

(*) は $f^{(n-3)}$ を含んでいるから, $n \geq 3$ で成り立つ. 一方, y を直接微分すれば, $y' = -e^{-x}(x^3 - 3x^2)$, $y'' = e^{-x}(x^3 - 6x^2 + 6x)$ が得られるが, この 2 つの式は (*) に $n = 1$, $n = 2$ を代入して得られる結果とそれぞれ一致する. また, (*) に $n = 0$ を代入して得られる結果は $y = x^3 e^{-x}$ となる. ゆえに, (*) は $n \geq 0$ で成り立つ.

解く！

n 次導関数を計算するためのライプニッツの公式に慣れるために, 以下の (a)〜(k) を埋めよう.

◆関数 $y = x^2 \log|x|$ の n 次導関数を求めよ. ただし, $n \geq 3$ とする. ◆

$f(x) = \log|x|$, $g(x) = x^2$ とおくと,

$$f' = \boxed{\text{(a)}}, f'' = \boxed{\text{(b)}}, f''' = \boxed{\text{(c)}}, \cdots, f^{(k)} = \boxed{\text{(d)}} \quad (k \geq 1),$$

$$g' = \boxed{\text{(e)}}, g'' = \boxed{\text{(f)}}, g^{(r)} = \boxed{\text{(g)}} \quad (r \geq 3).$$

$g^{(r)} = \boxed{\text{(g)}}$ $(r \geq 3)$ をライプニッツの公式に代入すれば,

$$y^{(n)} = f^{(n)}g + {}_nC_1 f^{(n-1)}g' + {}_nC_2 f^{(n-2)}g'' \tag{*}$$

が得られるから, (*) に $f^{(n)}g = \boxed{\text{(h)}}$, $f^{(n-1)}g' = \boxed{\text{(i)}}$, $f^{(n-2)}g'' = \boxed{\text{(j)}}$ を代入すれば,

$$y^{(n)} = \boxed{\text{(k)}}.$$

答え

(a) x^{-1} (b) $-x^{-2}$ (c) $(-1)(-2)x^{-3}$ (d) $(-1)^{k-1}(k-1)!\, x^{-k}$

(e) $2x$ (f) 2 (g) 0 (h) $(-1)^{n-1}(n-1)!\, x^{-(n-2)}$

(i) $2(-1)^{n-2}(n-2)!\, x^{-(n-2)}$ (j) $2(-1)^{n-3}(n-3)!\, x^{-(n-2)}$

(k) $\dfrac{2(-1)^{n-1}(n-3)!}{x^{n-2}}$

練習問題 1.3

[1]　次の関数の微分可能性を調べよ.

$$f(x) = \begin{cases} e^{-\frac{1}{x}} & (x > 0) \\ 0 & (x \leqq 0) \end{cases}$$

[2]　次の関数を微分せよ. ただし, $\sinh^{-1} x$ は関数 $\sinh x$ の逆関数である.

(1)　$y = x \operatorname{Arctan} x - \dfrac{1}{2} \log(1 + x^2)$　　　(2)　$y = \log(\sinh x)$

(3)　$y = (\cos x)^{\sin x}$　　　(4)　$y = \sinh^{-1} x$

[3]　彗星の軌道は太陽を焦点の一つとする楕円, 放物線または双曲線であることが知られている. このうち, 双曲線は媒介変数 t を用いて,

$$x = a \cosh t, \qquad y = a \sinh t$$

と表せる. ここで, $a > 0$ である. 双曲線を表す関数について, 導関数 $\dfrac{dy}{dx}$ を t の式で表せ.

[4]　関数 $f(x) = \cosh^2 x$ について, 次の問いに答えよ.

(1)　双曲線関数の加法定理 (p.15) を用いて, $\sinh 2x = 2 \sinh x \cosh x$ を示せ.

(2)　$f', f'', f''', f^{(4)}$ を求めよ.

(3)　(2) の結果を用いて, n 次導関数 $f^{(n)}$ を求めよ.

[5]　$ad - bc \neq 0$, $c \neq 0$ のとき, 関数 $h(x) = \dfrac{ax + b}{cx + d}$ について, 次の問いに答えよ.

(1)　関数 $f(x) = \dfrac{1}{cx + d}$ の n 次導関数を求めよ.

(2)　(1) の結果を用いて, 関数 $h(x)$ の n 次導関数を求めよ.

1.4　平均値の定理のずっと先に見えたもの——テイラー展開

1.4.1　関数の振舞いを調べるための道具

　ここでは, 1 変数関数の増減や振舞いを調べるのに重要な役割を果たす 2 つの定理を紹介しよう. 2 つの定理では, 関数 $f(x)$ が閉区間 $[a, b]$ で連続, 開区間 (a, b) で微分可能であることを前提としている.

> **ロルの定理**
>
> $f(a) = f(b)$ ならば $f'(\xi) = 0$　$(a < \xi < b)$ を満たす ξ が存在する.

平均値の定理

$$\frac{f(b) - f(a)}{b - a} = f'(\xi) \quad (a < \xi < b) \tag{1.31}$$

を満たす ξ が存在する.

ロルの定理は,$f(a) = f(b)$ のとき曲線 $y = f(x)$ の接線を x 軸に平行に引くことができること(図 1.11 参照)を示している.さらに,ロルの定理から $f(a) = f(b)$ という制限を取り払ったのが,平均値の定理である.平均値の定理は,曲線 $y = f(x)$ 上の 2 点 A$(a, f(a))$, B$(b, f(b))$ を結ぶ直線に平行な接線を引けること(図 1.12 参照)を主張している.

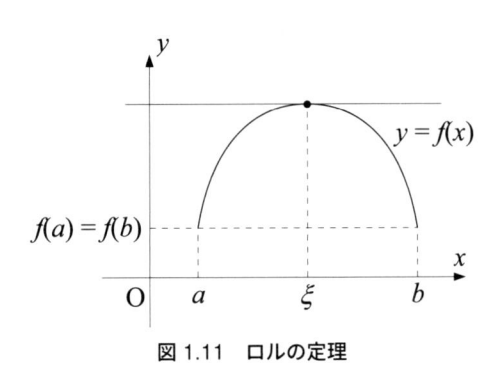

図 1.11 ロルの定理

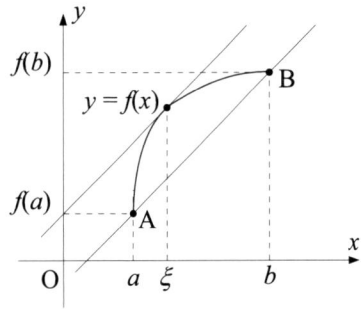

図 1.12 平均値の定理

1.4.2 極限の裏技(その 2):ロピタルの定理

次に紹介するロピタルの定理は平均値の定理から直接導き出されたものであり,不定形の極限を計算する際に伝家の宝刀のように用いられる.

ロピタルの定理

$\lim\limits_{x \to a} f(x) = \lim\limits_{x \to a} g(x) = 0$ (または $\pm \infty$) のとき,$\lim\limits_{x \to a} \dfrac{f'(x)}{g'(x)} = \alpha$ ならば $\lim\limits_{x \to a} \dfrac{f(x)}{g(x)} = \alpha$ となる.なお,この結果は a と α が有限の場合でも $\pm \infty$ の場合でも成り立つ.

例 1.14

次の極限値を求めよ.

(1) $\displaystyle \lim_{x \to 0} \frac{\sinh x}{\sin x}$ (2) $\displaystyle \lim_{x \to 0} (\sec x)^{\frac{1}{x^2}}$

方針 (1) は $\frac{0}{0}$ というタイプの不定形であり,そのまま,ロピタルの定理を適用すればよい.
(2) は 1^∞ というタイプの不定形であり,変形してからロピタル定理に持ち込む.この問題を一般化すれば,「$\lim\limits_{x \to a} f(x) = 1$, $\lim\limits_{x \to a} g(x) = \infty$ のとき,$\lim\limits_{x \to a} f^g$ を求めよ」ということになる.この

問題は次のようにして変形した後，ロピタルの定理を適用する．

① 　$y = f^g$ とおいて両辺の対数をとる．

② 　$A \equiv \lim_{x \to a} \log y = \lim_{x \to a} \dfrac{\log f}{1/g}$ の極限をロピタルの定理により求める．

③ 　$\lim_{x \to a} y = e^A$

解

(1) 　$\lim_{x \to 0} \dfrac{\sinh x}{\sin x} = \lim_{x \to 0} \dfrac{\cosh x}{\cos x} = 1$

(2) 　$y = (\sec x)^{\frac{1}{x^2}}$ とおくと，$\log y = -\dfrac{1}{x^2} \log(\cos x)$.

$\therefore \quad \lim_{x \to 0} \log y = -\lim_{x \to 0} \dfrac{\log(\cos x)}{x^2} = \lim_{x \to 0} \dfrac{\tan x}{2x} = \lim_{x \to 0} \dfrac{\sec^2 x}{2} = \dfrac{1}{2}$

したがって，$\lim_{x \to 0} y = e^{\frac{1}{2}}$.

解く！

　ロピタルの定理を用いて不定形の極限値を求める手順に慣れるために，以下の (1)(a)〜(d)，(2)(a)〜(d) を埋めよう．

◆次の極限値を求めよ．

(1) 　$\displaystyle\lim_{x \to +0} x \log(\sin x)$ 　　　(2) 　$\displaystyle\lim_{x \to \infty} \left(\dfrac{x+1}{x-1}\right)^{x-2}$ ◆

(1) 　関数 $x \log(\sin x)$ を分数の形に書き直してから，ロピタルの定理を適用すると，

$$\lim_{x \to +0} x \log(\sin x) = \lim_{x \to +0} \dfrac{\boxed{\text{(a)}}}{\frac{1}{x}} = \lim_{x \to +0} \dfrac{\left(\boxed{\text{(a)}}\right)'}{\left(\frac{1}{x}\right)'} = \lim_{x \to +0} \dfrac{\boxed{\text{(b)}}}{-\frac{1}{x^2}}$$

$$= \lim_{x \to +0} \left(-\dfrac{x}{\sin x} \cdot \boxed{\text{(c)}}\right) \overset{(1.15)}{=} \boxed{\text{(d)}} \quad.$$

(2) 　$y = \left(\dfrac{x+1}{x-1}\right)^{x-2}$ とおくと，$\log y = \dfrac{\boxed{\text{(a)}}}{\frac{1}{x-2}}$.

$\therefore \quad \displaystyle\lim_{x \to \infty} \log y = \lim_{x \to \infty} \dfrac{\boxed{\text{(a)}}}{\frac{1}{x-2}} = \lim_{x \to \infty} \dfrac{\left(\boxed{\text{(a)}}\right)'}{\left(\frac{1}{x-2}\right)'} = \lim_{x \to \infty} \dfrac{(x-2)^2}{\boxed{\text{(b)}}} = \boxed{\text{(c)}}$

上記の結果より，$\displaystyle\lim_{x \to \infty} y = \boxed{\text{(d)}}$.

答え

(1) (a) $\log(\sin x)$　(b) $\dfrac{\cos x}{\sin x}$　(c) $x\cos x$　(d) 0

(2) (a) $\log\dfrac{x+1}{x-1}$　(b) $\dfrac{x^2-1}{2}$　(c) 2　(d) e^2

1.4.3 関数を多項式で表現しよう

平均値の定理を n 次導関数にまで拡張したのが，テイラーの定理である．ここでは，テイラーの定理を用いてさまざまな関数を多項式で表現しよう．

テイラーの定理

関数 $f(x)$ が a を含む区間 I で n 回微分可能ならば，I に含まれる $a+h$ に対して次式が成り立つ．

$$f(a+h) = f(a) + f'(a)h + \frac{f''(a)}{2!}h^2 + \cdots + \frac{f^{(n-1)}(a)}{(n-1)!}h^{n-1} + R_n$$

$$= \sum_{k=0}^{n-1} \frac{f^{(k)}(a)}{k!}h^k + R_n \tag{1.32}$$

ただし，R_n は，

$$R_n = \frac{f^{(n)}(a+\theta h)}{n!}h^n \tag{1.33}$$

であり，θ は $0 < \theta < 1$ を満たす定数である．R_n はラグランジュの剰余項と呼ばれる．

テイラーの定理で，特に $a=0$，$h=x$ とすれば，次の定理が得られる．

マクローリンの定理

関数 $f(x)$ が 0 を含む区間 I で n 回微分可能ならば，I に含まれる x に対して次式が成り立つ．

$$f(x) = f(0) + f'(0)x + \frac{f''(0)}{2!}x^2 + \cdots + \frac{f^{(n-1)}(0)}{(n-1)!}x^{n-1} + R_n$$

$$= \sum_{k=0}^{n-1} \frac{f^{(k)}(0)}{k!}x^k + R_n \tag{1.34}$$

ただし，R_n は，

$$R_n = \frac{f^{(n)}(\theta x)}{n!}x^n \tag{1.35}$$

であり，θ は $0 < \theta < 1$ を満たす定数である．R_n もラグランジュの剰余項と呼ばれる．

式 (1.34) は $n-1$ 次までのマクローリン展開と呼ばれる．重要なマクローリン展開を以下に列挙しておく．

公式

$$e^x = 1 + x + \frac{x^2}{2!} + \cdots + \frac{x^{n-1}}{(n-1)!} + \frac{e^{\theta x}}{n!} x^n \tag{1.36}$$

$$\sin x = x - \frac{x^3}{3!} + \frac{x^5}{5!} - \cdots + (-1)^{n-1} \frac{x^{2n-1}}{(2n-1)!} + (-1)^n \frac{\cos(\theta x)}{(2n+1)!} x^{2n+1} \tag{1.37}$$

$$\cos x = 1 - \frac{x^2}{2!} + \frac{x^4}{4!} - \cdots + (-1)^{n-1} \frac{x^{2n-2}}{(2n-2)!} + (-1)^n \frac{\cos(\theta x)}{(2n)!} x^{2n} \tag{1.38}$$

ただし，θ は $0 < \theta < 1$ を満たす定数であり，上記 3 つの公式ごとに異なる値をとる．

例 1.15

関数 $f(x) = \cosh x$ に対して，$2n+1$ 次までのマクローリン展開を求めよ．

解

$f(x)$ の k 次導関数を求めると，

$$f^{(k)}(x) = \begin{cases} \cosh x & (k : 偶数) \\ \sinh x & (k : 奇数) \end{cases}$$

$$\therefore \quad f^{(k)}(0) = \begin{cases} 1 & (k : 偶数) \\ 0 & (k : 奇数) \end{cases}, \qquad R_{2n+2} = \frac{\cosh(\theta x)}{(2n+2)!} x^{2n+2}$$

上式を式 (1.34) に代入すれば，

$$f(x) = 1 + \frac{x^2}{2!} + \frac{x^4}{4!} + \cdots + \frac{x^{2n}}{(2n)!} + \frac{\cosh(\theta x)}{(2n+2)!} x^{2n+2}.$$

解く！

マクローリン展開に慣れるために，以下の (a)〜(i) を埋めよう．

◆ 関数 $f(x) = \log(1+x)$ に対して，$n-1$ 次までのマクローリン展開を求めよ． ◆

$$f'(x) = \boxed{\text{(a)}}, \, f''(x) = \boxed{\text{(b)}}, \, f'''(x) = \boxed{\text{(c)}}, \cdots, \, f^{(k)}(x) = \boxed{\text{(d)}} \quad (k \geq 1)$$

$$\therefore \quad f(0) = \boxed{\text{(e)}}, \, f^{(k)}(0) = \boxed{\text{(f)}} \quad (k \geq 1), \, R_n = \frac{f^{(n)}(\theta x)}{n!} x^n = \boxed{\text{(g)}}$$

上式を式 (1.34) に代入することにより，

$$f(x) = \sum_{k=1}^{n-1} \boxed{\text{(h)}} + R_n = \boxed{\text{(i)}} \quad .$$

答え

(a) $(1+x)^{-1}$ (b) $(-1)(1+x)^{-2}$ (c) $(-1)(-2)(1+x)^{-3}$

(d) $(-1)^{k-1}(k-1)!(1+x)^{-k}$ (e) 0 (f) $(-1)^{k-1}(k-1)!$

(g) $\dfrac{(-1)^{n-1}}{n}\left(\dfrac{x}{1+\theta x}\right)^n$ (h) $\dfrac{(-1)^{k-1}}{k}x^k$

(i) $x - \dfrac{x^2}{2} + \dfrac{x^3}{3} - \cdots + \dfrac{(-1)^{n-2}}{n-1}x^{n-1} + \dfrac{(-1)^{n-1}}{n}\left(\dfrac{x}{1+\theta x}\right)^n$

さらに，ある種の条件の下では，テイラー展開とマクローリン展開から無限級数が得られる.

テイラー級数

a と $a+h$ を含む区間 I で関数 $f(x)$ が C^∞ 級であり，式 (1.33) で定義された R_n が $\lim\limits_{n\to\infty} R_n = 0$ を満たすならば，次式が成り立つ.

$$f(a+h) = f(a) + f'(a)h + \frac{f''(a)}{2!}h^2 + \cdots + \frac{f^{(n)}(a)}{n!}h^n + \cdots$$
$$= \sum_{k=0}^{\infty} \frac{f^{(k)}(a)}{k!}h^k \tag{1.39}$$

マクローリン級数

0 と x を含む区間 I で関数 $f(x)$ が C^∞ 級であり，式 (1.35) で定義された R_n が $\lim\limits_{n\to\infty} R_n = 0$ を満たすならば，次式が成り立つ.

$$f(x) = f(0) + f'(0)x + \frac{f''(0)}{2!}x^2 + \cdots + \frac{f^{(n)}(0)}{n!}x^n + \cdots$$
$$= \sum_{k=0}^{\infty} \frac{f^{(k)}(0)}{k!}x^k \tag{1.40}$$

式 (1.39) を関数 $f(x)$ のテイラー展開またはテイラー級数と呼び，式 (1.40) を関数 $f(x)$ のマクローリン展開またはマクローリン級数と呼ぶ.

練習問題 1.4

---

[1] 次の極限値を求めよ.

(1) $\displaystyle\lim_{x\to 0} \frac{\sinh x}{x}$ (2) $\displaystyle\lim_{x\to +0} x\log(\sinh x)$ (3) $\displaystyle\lim_{x\to\infty}(\tanh x)^x$

[2]　33 ページの例 1.12 で現れた関数 $f(x) = \dfrac{1}{x^2 + 5x + 6}$ に対して，$n-1$ 次までのマクローリン展開を求めよ．

Coffee Break　　べき級数の性質

式 (1.40) には，

$$a_0 + a_1 x + a_2 x^2 + \cdots + a_n x^n + \cdots = \sum_{k=0}^{\infty} a_k x^k \tag{1.41}$$

という形をした式が現れた．式 (1.41) を x に関するべき級数という．一般に，ある実数 R に対して，べき級数が $|x| < R$ で収束し，$|x| > R$ で発散することが知られている．このような R を収束半径といい，開区間 $(-R, R)$ を収束域という．

べき級数 (1.41) が与えられたとき，その収束半径は，

$$R = \lim_{n \to \infty} \left| \frac{a_n}{a_{n+1}} \right| \tag{1.42}$$

から計算できる．例えば，指数関数 e^x のマクローリン級数：

$$1 + x + \frac{x^2}{2!} + \cdots + \frac{x^n}{n!} + \cdots \tag{1.43}$$

に対しては，$a_n = 1/n!$ であるから，収束半径は $R = \lim\limits_{n \to \infty} \dfrac{1/n!}{1/(n+1)!} = \lim\limits_{n \to \infty} (n+1) = \infty$ となり，収束域は $(-\infty, \infty)$ となる．すなわち，任意の実数 x に対して，マクローリン級数 (1.43) は収束する．

べき級数で与えられた関数 $f(x) = \sum\limits_{k=0}^{\infty} a_k x^k$ は収束域 $(-R, R)$ で次の性質をもつ．

(1)　$f(x)$ は微分可能であり，導関数はべき級数の各項を形式的に微分して得られる級数：

$$f'(x) = a_1 + 2a_2 x + 3a_3 x^2 + \cdots + n a_n x^{n-1} + \cdots$$

に等しい．

(2)　$f(x)$ の不定積分は，べき級数の各項を形式的に積分して得られる級数：

$$F(x) = A + a_0 x + a_1 \frac{x^2}{2} + a_2 \frac{x^3}{3} + \cdots + a_n \frac{x^{n+1}}{n+1} + \cdots$$

に等しい．ただし，A は任意定数である．

上記性質 (1) はべき級数について項別微分が可能であるといわれ，性質 (2) は項別積分が可能であるといわれる．このように，収束域内に限れば，べき級数は項別微分と項別積分が可能であるという優れた性質を備えているのである．

1.5 関数のグラフを描いてみよう——関数の増減と凹凸

1.5.1 関数の増減と極値

微分可能な関数 $f(x)$ の増減は導関数 $f'(x)$ の符号と密接に関係している．この事実を表しているのが次の定理である．

定理

関数 $f(x)$ が開区間 (a, b) で微分可能であるとき，次のことがいえる．

開区間 (a, b) 内の任意の点 x で $f'(x) > 0$（または $f'(x) < 0$）

$\implies f(x)$ は (a, b) 上で狭義単調増加関数（または狭義単調減少関数）である

例えば，関数 $f(x) = x + \dfrac{1}{x}$ $(x > 0)$ の導関数は $f'(x) = \dfrac{(x-1)(x+1)}{x^2}$ である．ゆえに，$0 < x < 1$ において $f'(x) < 0$，$x > 1$ において $f'(x) > 0$ となるから，関数 $f(x)$ は $0 < x < 1$ で狭義単調減少関数となり，$x > 1$ で狭義単調増加関数となる．

a を含む十分小さな開区間 $I_\delta = (a - \delta, a + \delta)$ $(\delta > 0)$ の中で関数 $f(x)$ を考えた場合，$f(x)$ が $x = a$ で最大（または最小）になるとき，$f(x)$ は $x = a$ で極大（または極小）になるといい，$f(a)$ を極大値（または極小値）という．極大値と極小値を総称して極値と呼ぶ．

定理

関数 $f(x)$ が a を含む区間 I で微分可能であるとき，次のことがいえる．$f(a)$ が極値である

$\implies f'(a) = 0$

上記定理からも明らかなように，$f'(a) = 0$ が成り立つからといって必ずしも $f(a)$ が極値になるとは限らない．区間 I で定義された関数 $f(x)$ が極値をとる可能性があるのは，

① $f'(a) = 0$ を満たす点 $x = a$，

② $f(x)$ が連続ではあるが，微分不可能になる点

である．これらの点を列挙した後，増減表を作成すれば，確実に極値を求めることができる．

例 1.16

関数 $f(x) = x^{\frac{2}{5}}(a - x)$ の極値を求めよ．ただし，$a > 0$ である．

解

$f'(x) = \dfrac{2a - 7x}{5x^{\frac{3}{5}}}$ であるから，$f(x)$ は $x = 0$ で微分不可能であり，$f'(x) = 0$ の解は $x = \dfrac{2}{7}a$ である．ゆえに，増減表は以下のようになる．

表 1.1　$f(x) = x^{\frac{2}{5}}(a - x)$ の増減表

x	$\cdots$	0	$\cdots$	$\frac{2}{7}a$	$\cdots$
$f'(x)$	$-$		$+$	0	$-$
$f(x)$	$\searrow$	極小	$\nearrow$	極大	$\searrow$

増減表より，極小値は $f(0) = 0$，極大値は $f\left(\frac{2}{7}a\right) = \left(\frac{2}{7}a\right)^{\frac{2}{5}} \cdot \frac{5}{7}a$ である．

解く！

1 変数関数の極値の計算方法に慣れるために，以下の (a)〜(o) を埋めよう．

◆関数 $f(x) = x + \log(1 + x + x^2)$ の極値を求めよ．◆

$f'(x) = \boxed{\text{(a)}}$ であるから，$f'(x) = 0$ とおくと，$x = \boxed{\text{(b)}}$，$\boxed{\text{(c)}}$ を得る．ゆえに，増減表は以下のようになる．

表 1.2　$f(x) = x + \log(1 + x + x^2)$ の増減表

x	$\cdots$	(b)	$\cdots$	(c)	$\cdots$
$f'(x)$	(d)	0	(e)	0	(f)
$f(x)$	(g)	(h)	(i)	(j)	(k)

増減表より，極小値は $f(\boxed{\text{(l)}}) = \boxed{\text{(m)}}$，極大値は $f(\boxed{\text{(n)}}) = \boxed{\text{(o)}}$ である．

答え

(a) $\dfrac{(x+1)(x+2)}{1+x+x^2}$ (b) -2 (c) -1 (d) $+$ (e) $-$

(f) $+$ (g) $\nearrow$ (h) 極大 (i) $\searrow$ (j) 極小

(k) $\nearrow$ (l) -1 (m) -1 (n) -2 (o) $\log 3 - 2$

1.5.2　グラフの凹凸

区間 I で定義された関数 $f(x)$ を考えよう．曲線 $C : y = f(x)$ 上の任意の 2 点 P_1, P_2 を結ぶ線分 P_1P_2 が曲線 C よりも上に位置しているとき（図 1.13(a) 参照），$f(x)$ は区間 I で下に凸である（または簡単に凸である）という．逆に，線分 P_1P_2 が曲線 C よりも下に位置しているとき（図 1.13(b) 参照），$f(x)$ は区間 I で上に凸である（または簡単に凹である）という．曲線 $y = f(x)$ の凹凸が変化する境目となる点を変曲点という．

関数 $f(x)$ が区間 I で定義され，2 回微分可能であるとする．このとき，曲線 $C : y = f(x)$ の凹凸を調べるには，次の性質を利用すればよい．

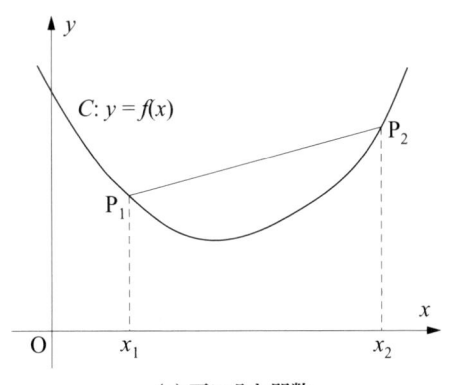
(a) 下に凸な関数

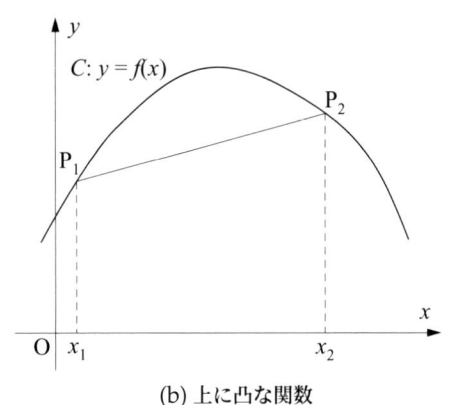
(b) 上に凸な関数

図 1.13　関数の凹凸の幾何学的意味

定理

(1)　$f''(a) > 0 \Longleftrightarrow$ 曲線 C が $x = a$ で下に凸

(2)　$f''(a) < 0 \Longleftrightarrow$ 曲線 C が $x = a$ で上に凸

この定理を用いれば，2 次導関数 $f''(x)$ の符号を変える点が変曲点であるといえる.

例 1.17

関数 $f(x) = \dfrac{\epsilon}{\pi(x^2 + \epsilon^2)}$ の増減と凹凸を調べて，グラフの概形を描け. ただし，$\epsilon > 0$ とする.

解

$f(x) = f(-x)$ より $f(x)$ は偶関数である. それゆえ，$x \geqq 0$ での関数 $f(x)$ のグラフを考えた後，y 軸に関して対称になるように，全体のグラフを描けばよい.

$f'(x) = -\dfrac{2\epsilon}{\pi} \cdot \dfrac{x}{(x^2 + \epsilon^2)^2}$, $f''(x) = \dfrac{2\epsilon}{\pi} \cdot \dfrac{3x^2 - \epsilon^2}{(x^2 + \epsilon^2)^3}$ であるから，$x \geqq 0$ では，

$$f'(x) = 0 \Longleftrightarrow x = 0 \qquad f''(x) = 0 \Longleftrightarrow x = \frac{\epsilon}{\sqrt{3}}$$

ゆえに，$f'(x) < 0 \quad (x > 0)$ となるから，$x > 0$ では $f(x)$ は単調減少関数である. また，凹凸に関する表は以下のようになる.[7]

7　表中では，下に凸（または上に凸）を表すのに ∪（または ∩）という記号を用いている.

表 1.3　$f(x) = \dfrac{\epsilon}{\pi(x^2 + \epsilon^2)}$ の凹凸に関する表

x	0	$\cdots$	$\dfrac{\epsilon}{\sqrt{3}}$	$\cdots$
$f''(x)$		$-$	0	$+$
$f(x)$		$\cap$	変曲点	$\cup$

以上より，関数 $f(x)$ のグラフの概形は，図 1.14 のようになる．

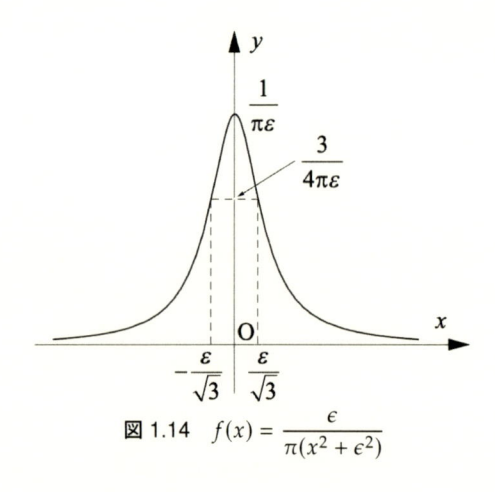

図 1.14　$f(x) = \dfrac{\epsilon}{\pi(x^2 + \epsilon^2)}$

解く！

　1 変数関数のグラフの描き方に慣れるために，以下の (a)〜(r) を埋めよう．

◆関数 $f(x) = x^3 \log x \quad (x > 0)$ の増減と凹凸を調べて，グラフの概形を描け．◆

$f'(x) = \boxed{\text{(a)}}$, $f''(x) = \boxed{\text{(b)}}$ であるから，

$$f'(x) = 0 \iff x = \boxed{\text{(c)}} \qquad f''(x) = 0 \iff x = \boxed{\text{(d)}}.$$

$$\lim_{x \to +0} f'(x) = \boxed{\text{(e)}}, \quad \lim_{x \to \infty} f'(x) = \boxed{\text{(f)}}, \quad \lim_{x \to +0} f(x) = \boxed{\text{(g)}}, \quad \lim_{x \to \infty} f(x) = \boxed{\text{(h)}}$$

ゆえに，増減表と凹凸に関する表は以下のようになる．

表 1.4　$f(x) = x^3 \log x$ の増減表

x	0	$\cdots$	(c)	$\cdots$	∞
$f'(x)$	(e)	(i)	0	(j)	(f)
$f(x)$	(g)	(k)	(l)	(m)	(h)

表 1.5　$f(x) = x^3 \log x$ の凹凸に関する表

x	0	$\cdots$	(d)	$\cdots$
$f''(x)$		(n)	0	(o)
$f(x)$		(p)	(q)	(r)

以上より，関数 $f(x)$ のグラフの概形は，図 1.15 のようになる．

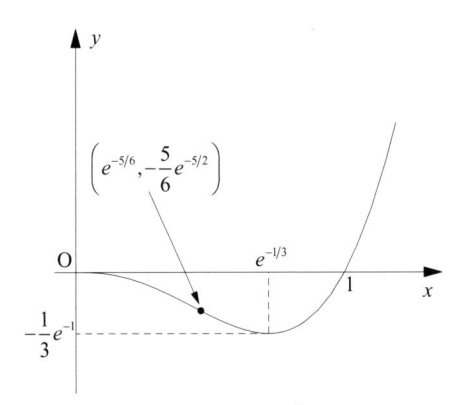

図 1.15　$f(x) = x^3 \log x$

答え

(a)　$3x^2 \left(\log x + \frac{1}{3}\right)$　　　(b)　$6x \left(\log x + \frac{5}{6}\right)$　　　(c)　$e^{-\frac{1}{3}}$　　(d)　$e^{-\frac{5}{6}}$

(e)　0　　(f)　∞　　(g)　0　　(h)　∞　　(i)　$-$　　(j)　$+$

(k)　$\searrow$　　(l)　極小　　(m)　$\nearrow$　　(n)　$-$　　(o)　$+$

(p)　$\cap$　　(q)　変曲点　　(r)　$\cup$

練習問題 1.5

[1]　次の関数の極値を求めよ．

(1)　$f(x) = x^{\frac{2}{3}} e^{-x}$　　　(2)　$f(x) = \sqrt{6}\,\mathrm{Arctan}\,x - 2\,\mathrm{Arctan}\,\dfrac{x}{\sqrt{6}}$

[2]　次の関数の増減と凹凸を調べて，グラフの概形を描け．

(1)　$f(x) = |x|\sqrt{4 - x^2}$　　　(2)　$f(x) = xe^{\frac{2}{x}}$　　$(x > 0)$

第2章

積分法

本章では，1変数関数の積分法について述べる．まず，2.1節で微分法の逆演算として不定積分を導入した後，2.2節では初等関数の不定積分の計算法を系統的に解説する．次に，2.3節ではリーマン和の極限として定義された定積分と不定積分の関係を述べる．さらに，2.4節では発散する関数や半無限区間で定義された関数の積分法として広義積分を紹介し，2.5節では積分法の応用として図形の面積や立体の体積，表面積の求積法を解説する．

2.1 微分の被害者を捜せ——不定積分

2.1.1 不定積分と原始関数

関数 $f(x)$ に対して

$F'(x) = f(x)$

を満たす $F(x)$ を $f(x)$ の原始関数という．任意定数 C に対して $\{F(x) + C\}' = F'(x) = f(x)$ であるから，$F(x) + C$ も $f(x)$ の原始関数である．すなわち，関数 $f(x)$ の原始関数の一つを $F(x)$ とすると，すべての原始関数は $F(x) + C$ の形で表される．

一般に，関数 $f(x)$ の原始関数全体を不定積分といい，$\displaystyle\int f(x)dx$ で表す．上記の事実より，$f(x)$ の不定積分は，

$$\int f(x)dx = F(x) + C \tag{2.1}$$

である．$f(x)$ の不定積分を求めることを $f(x)$ を積分するといい，積分される関数という意味から，$f(x)$ を被積分関数と呼ぶ．また，x を積分変数といい，C を積分定数と呼ぶ[1]．

不定積分の性質と重要な不定積分を以下に挙げておく．

公式

関数 $f(x)$, $g(x)$ と実数 $a \neq 0$, b, c に対して，次の公式が成り立つ．

$$\int c f(x)dx = c \int f(x)dx$$

$$\int \{f(x) + g(x)\}dx = \int f(x)dx + \int g(x)dx$$

$$\int f(x)dx = F(x) + C \text{ のとき，} \int f(ax + b)dx = \frac{1}{a}F(ax + b) + C$$

公式

べき乗関数

$$\int x^\alpha \, dx = \frac{1}{\alpha + 1}x^{\alpha+1} + C \quad (\alpha \neq -1), \qquad \int \frac{dx}{x} = \log|x| + C$$

指数関数

$$\int e^x \, dx = e^x + C$$

三角関数

$$\int \cos x \, dx = \sin x + C, \qquad \int \sin x \, dx = -\cos x + C$$

---

[1] 2.1～2.2 節では，C は常に積分定数を表すと約束しよう．

$$\int \sec^2 x \, dx = \tan x + C, \quad \int \operatorname{cosec}^2 x \, dx = -\cot x + C$$

双曲線関数

$$\int \cosh x \, dx = \sinh x + C, \int \sinh x \, dx = \cosh x + C, \int \operatorname{sech}^2 x \, dx = \tanh x + C$$

その他

$$\int \frac{dx}{x^2 + a^2} = \frac{1}{a} \operatorname{Arctan} \frac{x}{a} + C \quad (a \neq 0) \tag{2.2}$$

$$\int \frac{dx}{\sqrt{a^2 - x^2}} = \operatorname{Arcsin} \frac{x}{a} + C \quad (a > 0) \tag{2.3}$$

$$\int \sqrt{a^2 - x^2} \, dx = \frac{1}{2} \left(x\sqrt{a^2 - x^2} + a^2 \operatorname{Arcsin} \frac{x}{a} \right) + C \quad (a > 0) \tag{2.4}$$

$$\int \frac{dx}{\sqrt{x^2 + A}} = \log \left| x + \sqrt{x^2 + A} \right| + C \quad (A \neq 0) \tag{2.5}$$

$$\int \sqrt{x^2 + A} \, dx = \frac{1}{2} \left(x\sqrt{x^2 + A} + A \log \left| x + \sqrt{x^2 + A} \right| \right) + C \quad (A \neq 0) \tag{2.6}$$

例 2.1

次の関数の不定積分を求めよ.

(1) $\dfrac{1}{2x^2 + 3}$ (2) $\dfrac{1}{\sqrt{3 - 2x^2}}$ (3) $\dfrac{1}{\sqrt{2x^2 + 3}}$

解

(1)

$$\int \frac{dx}{2x^2 + 3} = \int \frac{dx}{\left(\sqrt{2}x\right)^2 + \left(\sqrt{3}\right)^2} \overset{(2.2)}{=} \frac{1}{\sqrt{6}} \operatorname{Arctan} \sqrt{\frac{2}{3}} x + C$$

(2)

$$\int \frac{dx}{\sqrt{3 - 2x^2}} = \int \frac{dx}{\sqrt{\left(\sqrt{3}\right)^2 - \left(\sqrt{2}x\right)^2}} \overset{(2.3)}{=} \frac{1}{\sqrt{2}} \operatorname{Arcsin} \sqrt{\frac{2}{3}} x + C$$

(3)

$$\int \frac{dx}{\sqrt{2x^2 + 3}} = \int \frac{dx}{\sqrt{\left(\sqrt{2}x\right)^2 + 3}} \overset{(2.5)}{=} \frac{1}{\sqrt{2}} \log \left| \sqrt{2}x + \sqrt{2x^2 + 3} \right| + C$$

解く！

不定積分の求め方に慣れるために，以下の (1)(a)～(b)，(2)(a)～(c) を埋めよう.

◆次の関数の不定積分を求めよ.

(1)　$\sqrt{3(1 + 2x - 3x^2)}$　　(2)　$\sqrt{2x^2 + 2x + 1}$　◆

(1)　$3(1 + 2x - 3x^2) = 4 - \left(\boxed{\text{(a)}}\right)^2$ であるから,

$$\int \sqrt{3(1 + 2x - 3x^2)}\,dx = \int \sqrt{2^2 - \left(\boxed{\text{(a)}}\right)^2}\,dx \overset{(2.4)}{=} \boxed{\text{(b)}} + C$$

(2)　$2x^2 + 2x + 1 = 2\left(\boxed{\text{(a)}}\right)^2 + \dfrac{1}{2} = \dfrac{1}{2}\left\{\left(\boxed{\text{(b)}}\right)^2 + 1\right\}$ より,

$$\int \sqrt{2x^2 + 2x + 1}\,dx = \frac{1}{\sqrt{2}}\int \sqrt{\left(\boxed{\text{(b)}}\right)^2 + 1}\,dx \overset{(2.6)}{=} \boxed{\text{(c)}} + C$$

答え

(1)　(a)　$3x - 1$　　　(b)　$\dfrac{1}{6}\left\{(3x - 1)\sqrt{3(1 + 2x - 3x^2)} + 4\mathrm{Arcsin}\dfrac{3x - 1}{2}\right\}$

(2)　(a)　$x + \dfrac{1}{2}$　　　(b)　$2x + 1$

(c)　$\dfrac{1}{4\sqrt{2}}\left\{(2x + 1)\sqrt{(2x + 1)^2 + 1} + \log\left|2x + 1 + \sqrt{(2x + 1)^2 + 1}\right|\right\}$

2.1.2　部分積分法

前章でも述べたように, 関数 $f(x)$, $g(x)$ の積 $f(x)g(x)$ を微分すると次式を得る.

$$\{f(x)g(x)\}' = f'(x)g(x) + f(x)g'(x) \tag{2.7}$$

ここで, 式 (2.7) の両辺を積分すると, 次式を得る.

公式

$$\int f'(x)g(x)\,dx = f(x)g(x) - \int f(x)g'(x)\,dx \tag{2.8}$$

公式 (2.8) を用いた積分法を部分積分法と呼ぶ.

例 2.2

次の不定積分を求めよ.

(1)　$\displaystyle\int \log x\,dx$　　　(2)　$\displaystyle\int x\cos x\,dx$　　　(3)　$\displaystyle\int x^2 e^x\,dx$

解

(1)

$$\text{与式} = \int x' \log x\,dx = x\log x - \int x \cdot \frac{1}{x}\,dx = x\log x - x + C$$

(2)

$$\text{与式} = \int x(\sin x)'\,dx = x\sin x - \int \sin x\,dx = x\sin x + \cos x + C$$

(3)

$$\text{与式} = \int x^2 (e^x)' \, dx = x^2 e^x - \int 2x e^x \, dx = x^2 e^x - 2 \int x(e^x)' \, dx$$

$$= x^2 e^x - 2 \left(x e^x - \int e^x \, dx \right) = (x^2 - 2x + 2) e^x + C$$

解く！

部分積分法に慣れるために，以下の (1)(a)〜(d)，(2)(a)〜(b) を埋めよう．

◆次の不定積分を求めよ．

(1) $\displaystyle \int x \log x \, dx$ (2) $\displaystyle \int x \sin x \, dx$ ◆

(1)

$$\text{与式} = \int \left(\boxed{(a)} \right)' \log x \, dx = \boxed{(a)} \log x - \int \boxed{(a)} \boxed{(b)} \, dx$$

$$= \boxed{(a)} \log x - \int \boxed{(c)} \, dx = \boxed{(a)} \log x - \boxed{(d)} + C$$

(2)

$$\text{与式} = - \int x \left(\boxed{(a)} \right)' \, dx = -x \boxed{(a)} + \int \boxed{(a)} \, dx$$

$$= \boxed{(b)} + C$$

答え

(1) (a) $\dfrac{1}{2} x^2$ (b) $\dfrac{1}{x}$ (c) $\dfrac{x}{2}$ (d) $\dfrac{1}{4} x^2$

(2) (a) $\cos x$ (b) $-x \cos x + \sin x$

例 2.3

実数 $\alpha \neq 0$，β に対して，不定積分 $I = \displaystyle\int e^{\alpha x} \cos \beta x \, dx$，$J = \displaystyle\int e^{\alpha x} \sin \beta x \, dx$ を求めよ．

方針 I，J に部分積分を適用すると，I，J に関する連立 1 次方程式が現れる．この方程式を解くことによって不定積分 I，J を求めればよい．

解

I，J の計算に部分積分を用いると，

$$I = \frac{1}{\alpha} \int (e^{\alpha x})' \cos \beta x \, dx = \frac{1}{\alpha} \left(e^{\alpha x} \cos \beta x + \beta \int e^{\alpha x} \sin \beta x \, dx \right)$$

$$J = \frac{1}{\alpha} \int (e^{\alpha x})' \sin \beta x \, dx = \frac{1}{\alpha} \left(e^{\alpha x} \sin \beta x - \beta \int e^{\alpha x} \cos \beta x \, dx \right)$$

を得る．

$$\therefore \quad \alpha I - \beta J = e^{\alpha x} \cos \beta x, \quad \beta I + \alpha J = e^{\alpha x} \sin \beta x$$

上式を I，J について解くと，

$$I = \frac{e^{\alpha x}}{\alpha^2 + \beta^2} \left(\beta \sin \beta x + \alpha \cos \beta x \right), \quad J = \frac{e^{\alpha x}}{\alpha^2 + \beta^2} \left(\alpha \sin \beta x - \beta \cos \beta x \right).$$

解く！

部分積分法に慣れるために，以下の (a)〜(g) を埋めよう．

◆ 不定積分 $I = \displaystyle\int \sin(\log x)\,dx$, $J = \displaystyle\int \cos(\log x)\,dx$ を求めよ． ◆

I, J の計算に部分積分を用いると，

$$I = \int \left(\boxed{\text{(a)}} \right)' \sin(\log x)\,dx = \boxed{\text{(a)}} \sin(\log x) - \int \boxed{\text{(b)}}\,dx$$

$$J = \int \left(\boxed{\text{(a)}} \right)' \cos(\log x)\,dx = \boxed{\text{(a)}} \cos(\log x) + \int \boxed{\text{(c)}}\,dx$$

を得る．

$$\therefore \quad I + J = \boxed{\text{(d)}}, \quad -I + J = \boxed{\text{(e)}}$$

上式を I, J について解くと，$I = \boxed{\text{(f)}}$, $J = \boxed{\text{(g)}}$.

答え

(a) x 　　(b) $\cos(\log x)$ 　　(c) $\sin(\log x)$ 　　(d) $x\sin(\log x)$

(e) $x\cos(\log x)$ 　　(f) $\dfrac{x}{2}\{\sin(\log x) - \cos(\log x)\}$ 　　(g) $\dfrac{x}{2}\{\sin(\log x) + \cos(\log x)\}$

2.1.3　置換積分法

不定積分 $\displaystyle\int f(x)dx$ を計算する際に，積分変数 x を新しい変数 t によって $x = g(t)$ と書き直すことにより，計算が簡単になる場合がある．この積分法を置換積分法と呼ぶ．

公式

$x = g(t)$ のとき，

$$\int f(x)dx = \int f(g(t))g'(t)dt \tag{2.9}$$

なお，置換積分法の応用として，次の公式が知られている．

公式

$$\int \{f(x)\}^{\alpha} f'(x)\,dx = \frac{\{f(x)\}^{\alpha+1}}{\alpha + 1} + C \quad (\alpha \neq -1) \tag{2.10}$$

$$\int \frac{f'(x)}{f(x)}\,dx = \log|f(x)| + C \tag{2.11}$$

例 2.4

次の不定積分を求めよ．

(1) $\displaystyle\int \frac{dx}{x^2 + a^2}$ $(a \neq 0)$ (2) $\displaystyle\int x(x^2 + 1)^3\, dx$ (3) $\displaystyle\int \frac{2x + 1}{x^2 + x - 1}\, dx$

解

(1) $x = a \tan t$ $\left(-\dfrac{\pi}{2} < t < \dfrac{\pi}{2}\right)$ とおくと, $dx = a \sec^2 t\, dt$, $x^2 + a^2 = a^2 \sec^2 t$. また, $t = \mathrm{Arctan}\,\dfrac{x}{a}$ となる.

$$\therefore\quad 与式 = \int \frac{a \sec^2 t}{a^2 \sec^2 t}\, dt = \frac{1}{a}\int dt = \frac{1}{a}\, t + C = \frac{1}{a}\,\mathrm{Arctan}\,\frac{x}{a} + C$$

(2)
$$与式 = \frac{1}{2}\int (x^2 + 1)^3 (x^2 + 1)'\, dx \overset{(2.10)}{=} \frac{1}{8}(x^2 + 1)^4 + C$$

(3)
$$与式 = \int \frac{(x^2 + x - 1)'}{x^2 + x - 1}\, dx \overset{(2.11)}{=} \log|x^2 + x - 1| + C$$

解く！

置換積分法に慣れるために, 以下の (1)(a)〜(f), (2)(a)〜(b), (3)(a)〜(b) を埋めよう.

◆次の不定積分を求めよ.

(1) $\displaystyle\int \frac{dx}{\sqrt{a^2 - x^2}}$ $(a > 0)$ (2) $\displaystyle\int \frac{(\log x)^2}{x}\, dx$ (3) $\displaystyle\int \frac{x^2 + 2}{x^3 + 6x + 10}\, dx$ ◆

(1) $x = a \sin t$ $\left(-\dfrac{\pi}{2} < t < \dfrac{\pi}{2}\right)$ とおくと, $dx = \boxed{(a)}\, dt$, $\sqrt{a^2 - x^2} = \boxed{(b)}$. また, $t = \boxed{(c)}$ となるので,

$$与式 = \int \frac{\boxed{(a)}}{\boxed{(b)}}\, dt = \int \boxed{(d)}\, dt = \boxed{(e)} + C = \boxed{(f)} + C.$$

（ただし, (e) は t のみの式であり, (f) は x と a のみの式である）

(2) $(\log x)' = \boxed{(a)}$ であるから, 与式 $\overset{(2.10)}{=} \boxed{(b)} + C$.

(3) $(x^3 + 6x + 10)' = 3x^2 + 6$ であるから,
$$与式 = \boxed{(a)} \int \frac{(x^3 + 6x + 10)'}{x^3 + 6x + 10}\, dx \overset{(2.11)}{=} \boxed{(b)} + C$$

答え

(1) (a) $a \cos t$ (b) $a \cos t$ (c) $\mathrm{Arcsin}\,\dfrac{x}{a}$ (d) 1 (e) t

(f) $\mathrm{Arcsin}\,\dfrac{x}{a}$

(2) (a) $\dfrac{1}{x}$ (b) $\dfrac{1}{3}(\log x)^3$

(3) (a) $\dfrac{1}{3}$ (b) $\dfrac{1}{3}\log|x^3 + 6x + 10|$

練習問題 2.1

[1] $a \neq 0$, $|b| < |c|$ のとき, 次の関数の不定積分を求めよ.

(1) $\dfrac{1}{a^2x^2 + 2abx + c^2}$ (2) $\dfrac{1}{\sqrt{a^2x^2 + 2abx + c^2}}$ (3) $\sqrt{a^2x^2 + 2abx + c^2}$

[2] 部分積分を用いて，次の不定積分を求めよ．

(1) $\displaystyle\int x^2 \cos x\, dx$ (2) $\displaystyle\int \sqrt{x} \log x\, dx$ (3) $\displaystyle\int x \sec^2 x\, dx$

(4) $\displaystyle\int x^2 \sinh x\, dx$

[3] 次の不定積分を求めよ．

$$I = \int \cos x \cosh x\, dx, \quad J = \int \sin x \sinh x\, dx$$

[4] 置換積分を用いて，次の不定積分を求めよ．

(1) $\displaystyle\int x^2(x^3 + 10)^\alpha\, dx \ (\alpha \neq -1)$ (2) $\displaystyle\int \dfrac{\cos^3 x}{\sin x}\, dx$

(3) $\displaystyle\int \dfrac{(\log x)^\alpha}{x}\, dx \ (\alpha \neq -1)$

2.2 積分のテクニシャンになろう――種々の不定積分

2.2.1 三角関数のべき乗の積分

$\cos^n x$ や $\sin^n x$ のように，三角関数のべき乗が被積分関数となる場合の積分方法を考えよう．例 2.5 に示すように，$n \lesssim 6$ の場合，このタイプの積分は半角公式か置換積分を用いて計算できる．これに対して，$n \gtrsim 7$ の場合，このタイプの積分の計算には漸化式が用いられる（例 2.6 参照）．

例 2.5

次の不定積分を求めよ．

(1) $\displaystyle\int \cos^2 x\, dx$ (2) $\displaystyle\int \sin^3 x\, dx$

方針 n が比較的小さな自然数のとき，$\displaystyle\int \cos^n x\, dx$ や $\displaystyle\int \sin^n x\, dx$ の計算方法は n が偶数であるか，奇数であるかによって変わる．すなわち，n が偶数の場合は半角公式，奇数の場合は置換積分を使うことになる．

解

(1) 半角公式 $\cos^2 x = \dfrac{1}{2}(1 + \cos 2x)$ より

与式 $= \displaystyle\int \dfrac{1 + \cos 2x}{2}\, dx = \dfrac{1}{2}x + \dfrac{1}{4}\sin 2x + C$

(2)

$$\text{与式} \; = \; \int (1 - \cos^2 x)\sin x \, dx = - \int (1 - \cos^2 x)(\cos x)' \, dx$$

$$\overset{(2.10)}{=} - \cos x + \frac{\cos^3 x}{3} + C$$

解く！

三角関数のべき乗の積分に慣れるために，以下の (1)(a)〜(d)，(2)(a)〜(b) を埋めよう．

◆次の不定積分を求めよ．

(1) $\displaystyle \int \sin^4 x \, dx$ (2) $\displaystyle \int \cos^5 x \, dx$ ◆

(1) 半角公式 $\sin^2 x = \boxed{(a)}$，$\cos^2 2x = \boxed{(b)}$ を用いて，三角関数のべき乗を含まない式で $\sin^4 x$ を表すと，$\sin^4 x = \boxed{(c)}$．

$\therefore \quad \text{与式} = \boxed{(d)} + C$

(2)

$$\text{与式} = \int \left(\boxed{(a)} \right)^2 \cos x \, dx \quad \left(\because \quad \cos^2 x = \boxed{(a)} \right)$$

$$= \int \left(\boxed{(a)} \right)^2 (\sin x)' \, dx \overset{(2.10)}{=} \boxed{(b)} + C$$

答え

(1) (a) $\dfrac{1 - \cos 2x}{2}$ (b) $\dfrac{1 + \cos 4x}{2}$ (c) $\dfrac{1}{8}(3 - 4\cos 2x + \cos 4x)$

(d) $\dfrac{3}{8}x - \dfrac{1}{4}\sin 2x + \dfrac{1}{32}\sin 4x$

(2) (a) $1 - \sin^2 x$ (b) $\sin x - \dfrac{2}{3}\sin^3 x + \dfrac{1}{5}\sin^5 x$

例 2.6

不定積分 $I_n = \displaystyle \int \sin^n x \, dx$ について，次の問いに答えよ．

(1) 漸化式 $I_n = -\dfrac{1}{n}\sin^{n-1} x \cos x + \dfrac{n-1}{n}I_{n-2} \; (n \neq 0)$ を示せ．

(2) I_0，I_1 を求めよ．

(3) I_5，I_4 を求めよ．

解

(1) $I_n = \displaystyle \int \sin^{n-1} x \sin x \, dx$ とし，部分積分を適用すれば，

$$I_n = - \int (\cos x)' \sin^{n-1} x \, dx$$

$$= - \cos x \sin^{n-1} x + (n-1) \int \cos^2 x \sin^{n-2} x \, dx$$

$$= -\cos x \sin^{n-1} x + (n-1) \int (1 - \sin^2 x) \sin^{n-2} x \, dx$$

$$= -\cos x \sin^{n-1} x + (n-1)I_{n-2} - (n-1)I_n$$

$$\therefore \quad I_n = -\frac{1}{n} \sin^{n-1} x \cos x + \frac{n-1}{n} I_{n-2}$$

(2) $\quad I_0 = \displaystyle\int dx = x + C, \ \ I_1 = \displaystyle\int \sin x \, dx = -\cos x + C.$

(3) 漸化式を用いて, 順に計算を行えば,

$$I_2 = -\frac{1}{2} \sin x \cos x + \frac{1}{2} I_0 = -\frac{1}{2} \sin x \cos x + \frac{1}{2} x + C$$

$$I_3 = -\frac{1}{3} \sin^2 x \cos x + \frac{2}{3} I_1 = -\frac{1}{3} \sin^2 x \cos x - \frac{2}{3} \cos x + C$$

$$I_4 = -\frac{1}{4} \sin^3 x \cos x + \frac{3}{4} I_2 = -\frac{1}{4} \sin^3 x \cos x - \frac{3}{8} (\sin x \cos x - x) + C$$

$$I_5 = -\frac{1}{5} \sin^4 x \cos x + \frac{4}{5} I_3 = -\frac{1}{5} \sin^4 x \cos x - \frac{4}{15} (\sin^2 x \cos x + 2 \cos x) + C$$

となる.

解く！

漸化式による不定積分の計算方法に慣れるために, 以下の (1)(a)〜(c), (2)(a)〜(b) , (3)(a)〜(d) を埋めよう.

◆不定積分 $I_n = \displaystyle\int \cos^n x \, dx$ について, 次の問いに答えよ.

(1) 漸化式 $I_n = \dfrac{1}{n} \cos^{n-1} x \sin x + \dfrac{n-1}{n} I_{n-2} \ (n \ne 0)$ を示せ. (2) $\quad I_0, \ I_1$ を求めよ.

(3) $\quad I_4, \ I_5$ を求めよ. ◆

(1) $\quad I_n = \displaystyle\int \cos^{n-1} x \cos x \, dx$ とし, 部分積分を適用すれば,

$$I_n = \int \left(\boxed{\text{(a)}} \right)' \cos^{n-1} x \, dx$$

$$= \boxed{\text{(a)}} \cos^{n-1} x + (n-1) \int \boxed{\text{(b)}} \, dx$$

$$= \boxed{\text{(a)}} \cos^{n-1} x + (n-1) \boxed{\text{(c)}} \quad (\because \quad \text{不定積分を } I_{n-2}, \ I_n \text{で表した})$$

$$\therefore \quad I_n = \frac{1}{n} \cos^{n-1} x \sin x + \frac{n-1}{n} I_{n-2}$$

(2) $\quad I_0 = \displaystyle\int dx = \boxed{\text{(a)}} + C, \ \ I_1 = \displaystyle\int \cos x \, dx = \boxed{\text{(b)}} + C.$

(3) 漸化式を用いて, 順に計算を行えば, $I_2 = \boxed{\text{(a)}} + C, \ I_3 = \boxed{\text{(b)}} + C, \ I_4 = \boxed{\text{(c)}} + C,$

$I_5 = \boxed{\text{(d)}} + C$ となる.

答え

(1)　(a)　$\sin x$　　　(b)　$\sin^2 x \cos^{n-2} x$　　　(c)　$(I_{n-2} - I_n)$

(2)　(a) x　　　(b)　$\sin x$

(3)　(a)　$\dfrac{1}{2}\cos x \sin x + \dfrac{1}{2}x$　　　(b)　$\dfrac{1}{3}\cos^2 x \sin x + \dfrac{2}{3}\sin x$

　　(c)　$\dfrac{1}{4}\cos^3 x \sin x + \dfrac{3}{8}(\cos x \sin x + x)$　　　(d)　$\dfrac{1}{5}\cos^4 x \sin x + \dfrac{4}{15}(\cos^2 x \sin x + 2\sin x)$

2.2.2　有理関数の積分

　2 つの多項式 $P(x)$, $Q(x)$ が共通因数をもたないとき，多項式 $P(x)$ および $Q(x)$ は互いに素であるという．互いに素な 2 つの多項式 $P(x)$, $Q(x)$ を用いて，$R(x) = \dfrac{P(x)}{Q(x)}$ と表される関数を有理関数と呼ぶ．多項式 $P(x)$ と $Q(x)$ の次数が $\deg P \geqq \deg Q$ を満たしているとき[2]，$P(x)$ を $Q(x)$ で割った商を $s(x)$，余りを $r(x)$ とすれば，

$$R(x) = s(x) + \frac{r(x)}{Q(x)} \tag{2.12}$$

であり，$\deg r < \deg Q$ となる．多項式 $s(x)$ の不定積分は自明であるから，有理関数 $R(x)$ の不定積分は，$r(x)/Q(x)$ の積分に帰着されたことになる．それゆえ，ここでは，$\deg P < \deg Q$ の場合の有理関数を主として扱うことにする．

　有理関数 $\dfrac{x^4 + 1}{x^6 + x^4 - x^2 - 1}$ や $\dfrac{4x^4 + 3x^3 + 2x^2 + x + 1}{(x + 1)(x - 1)^2(x^2 + 1)}$ はこのままで積分するのは困難である．しかしながら，次のように部分分数へ分解すれば，容易に積分できるようになる．

$$\frac{x^4 + 1}{x^6 + x^4 - x^2 - 1} = \frac{1}{4(x - 1)} - \frac{1}{4(x + 1)} + \frac{1}{2(x^2 + 1)} - \frac{1}{(x^2 + 1)^2}$$

$$\frac{4x^4 + 3x^3 + 2x^2 + x + 1}{(x + 1)(x - 1)^2(x^2 + 1)} = \frac{1}{8}\left\{ \frac{27}{x - 1} + \frac{3}{x + 1} + \frac{22}{(x - 1)^2} + \frac{2(x + 5)}{x^2 + 1} \right\}$$

有理関数の部分分数分解の可能性を保証しているのが，次の定理である．

定理

多項式 $P(x)$, $Q(x)$ が $\deg P < \deg Q$ を満足しており，かつ，$Q(x)$ が互いに素な多項式 $Q_1(x), Q_2(x), \ldots, Q_n(x)$ の積に因数分解できるとき，$\deg P_1 < \deg Q_1, \deg P_2 < \deg Q_2, \ldots, \deg P_n < \deg Q_n$ を満たす多項式 $P_1(x), P_2(x), \ldots, P_n(x)$ を用いて，有理関数 $R(x) = \dfrac{P(x)}{Q(x)}$ は

$$R(x) = \frac{P(x)}{Q(x)} = \frac{P_1(x)}{Q_1(x)} + \frac{P_2(x)}{Q_2(x)} + \cdots + \frac{P_n(x)}{Q_n(x)} \tag{2.13}$$

と分解できる．

例 2.7

　次の不定積分を求めよ．

2　$\deg f$ は多項式 f の次数を表す．例えば，$f(x) = x^3 + 2x - 1$ ならば $\deg f = 3$ となる．

(1) $\displaystyle\int \frac{dx}{x^4-1}$ (2) $\displaystyle\int \frac{x^3+2}{x^2+x-2}\,dx$

方針 (2) $\deg(x^3+2) > \deg(x^2+x-2)$ である．それゆえ，分子を分母で割り算して被積分関数を式 (2.12) の形に変形した後，$r(x)/Q(x)$ の部分に部分分数分解を行う．

解

(1) $x^4-1 = (x-1)(x+1)(x^2+1)$ と因数分解できるから，$\dfrac{1}{x^4-1} = \dfrac{a}{x-1} + \dfrac{b}{x+1} + \dfrac{cx+d}{x^2+1}$ とおくと[3]，$1 = a(x+1)(x^2+1) + b(x-1)(x^2+1) + (cx+d)(x^2-1)$．この式が x に関する恒等式になる条件は，$a+b+c=0$, $a-b+d=0$, $a+b-c=0$, $a-b-d=1$．連立 1 次方程式を解くことによって，a, b, c, d を求めると，$a=\dfrac{1}{4}$, $b=-\dfrac{1}{4}$, $c=0$, $d=-\dfrac{1}{2}$.

$$\therefore \ \text{与式} = \frac{1}{4}\int \frac{dx}{x-1} - \frac{1}{4}\int \frac{dx}{x+1} - \frac{1}{2}\int \frac{dx}{x^2+1}$$

$$= \frac{1}{4}\log\left|\frac{x-1}{x+1}\right| - \frac{1}{2}\text{Arctan}\,x + C$$

(2) $x^3+2 = (x-1)(x^2+x-2) + 3x$ であるから，$\dfrac{x^3+2}{x^2+x-2} = x-1 + \dfrac{3x}{x^2+x-2}$．また，$x^2+x-2 = (x-1)(x+2)$ であるから，第 2 項を部分分数分解すると，$\dfrac{x^3+2}{x^2+x-2} = x-1 + \dfrac{1}{x-1} + \dfrac{2}{x+2}$.

$$\therefore \ \text{与式} = \frac{x^2}{2} - x + \log|x-1| + 2\log|x+2| + C$$

解く！

有理関数の不定積分に慣れるために，以下の (1)(a)〜(h)，(2)(a)〜(d) を埋めよう．

◆次の不定積分を求めよ．

(1) $\displaystyle\int \frac{dx}{x^3-1}$ (2) $\displaystyle\int \frac{x^3+x^2-2x+2}{x^2+x-2}\,dx$ ◆

(1) $x^3-1 = (x-1)(x^2+x+1)$ と因数分解できるから，$\dfrac{1}{x^3-1} = \dfrac{a}{x-1} + \dfrac{bx+c}{x^2+x+1}$ とおくと，$1 = a(x^2+x+1) + (x-1)(bx+c)$．この式が x に関する恒等式になる条件は，$a+b=0$, $a-b+c=0$, $a-c=1$．連立 1 次方程式を解くことによって，a, b, c を求めると，$a = \boxed{\text{(a)}}$, $b = \boxed{\text{(b)}}$, $c = \boxed{\text{(c)}}$.

$$\therefore \ \text{与式} = \int \frac{\boxed{\text{(a)}}}{x-1}\,dx + \int \frac{\boxed{\text{(b)}}\,x + \boxed{\text{(c)}}}{x^2+x+1}\,dx$$

$$= \boxed{\text{(a)}}\int \frac{dx}{x-1} - \boxed{\text{(d)}}\int \frac{(x^2+x+1)'}{x^2+x+1}\,dx - \boxed{\text{(e)}}\int \frac{dx}{x^2+x+1}$$

また，完全平方形にすると，$x^2+x+1 = \boxed{\text{(f)}}$ となるから，

3　$\deg(x^2+1) = 2$ であるから，x^2+1 を分母とする有理関数の分子を 1 次式とおく．

$$\int \frac{dx}{x^2 + x + 1} = \int \frac{dx}{\boxed{(f)}} \overset{(2.2)}{=} \boxed{(g)}.$$

$$\therefore \quad 与式 = \boxed{(h)} + C$$

(2) $\quad x^3 + x^2 - 2x + 2 = \boxed{(a)} (x^2 + x - 2) + \boxed{(b)}$ であるから,

$$\frac{x^3 + x^2 - 2x + 2}{x^2 + x - 2} = \boxed{(a)} + \frac{\boxed{(b)}}{x^2 + x - 2}$$

$$= \boxed{(a)} + \boxed{(c)} \quad \left(\because \quad \frac{\boxed{(b)}}{x^2 + x - 2} \text{の部分分数分解} \right)$$

$$\therefore \quad 与式 = \boxed{(d)} + C$$

答え

(1) (a) $\dfrac{1}{3}$ (b) $-\dfrac{1}{3}$ (c) $-\dfrac{2}{3}$ (d) $\dfrac{1}{6}$

(e) $\dfrac{1}{2}$ (f) $\left(x + \dfrac{1}{2}\right)^2 + \dfrac{3}{4}$ (g) $\dfrac{2}{\sqrt{3}} \mathrm{Arctan} \dfrac{2}{\sqrt{3}} \left(x + \dfrac{1}{2}\right)$

(h) $\dfrac{1}{3} \log|x - 1| - \dfrac{1}{6} \log(x^2 + x + 1) - \dfrac{1}{\sqrt{3}} \mathrm{Arctan} \dfrac{2}{\sqrt{3}} \left(x + \dfrac{1}{2}\right)$

(2) (a) x (b) 2 (c) $\dfrac{2}{3} \left(\dfrac{1}{x - 1} - \dfrac{1}{x + 2} \right)$ (d) $\dfrac{1}{2} x^2 + \dfrac{2}{3} \log \left| \dfrac{x - 1}{x + 2} \right|$

2.2.3 三角関数の有理関数の積分

$\dfrac{1 - \sin x}{1 + \cos x}$ や $\dfrac{\cos x}{3 + \sin x}$ のように,三角関数の有理関数が被積分関数となる場合の積分方法を考えよう.実は,次の例 2.8 の方針に示す置換積分を行えば,このタイプの積分は有理関数の不定積分に帰着できるのである.

例 2.8

次の不定積分を求めよ.

(1) $\displaystyle\int \frac{\cos x}{3 + \sin x}\, dx$ (2) $\displaystyle\int (1 + \cos x) \sin x\, dx$ (3) $\displaystyle\int \frac{1 - \sin x}{1 + \cos x}\, dx$

(4) $\displaystyle\int \frac{2\, dx}{4 \cos^2 x + \sin^2 x}$

方針 (1) 有理関数 $f_1(u)$ を用いて被積分関数が $f_1(\sin x) \cos x$ と表せる場合には,$\sin x = t$ とおくとよい.

(2) 有理関数 $f_1(u)$ を用いて被積分関数が $f_1(\cos x) \sin x$ と表せる場合には,$\cos x = t$ とおくとよい.

(3)　有理関数[4] $f_2(u, v)$ を用いて被積分関数が $f_2(\sin x, \cos x)$ と表せる場合には，$\tan \dfrac{x}{2} = t$ とおくとよい．このとき，

$$\cos x = 2\cos^2 \frac{x}{2} - 1 = \frac{2}{1 + \tan^2 \frac{x}{2}} - 1 = \frac{1 - \tan^2 \frac{x}{2}}{1 + \tan^2 \frac{x}{2}}$$

$$\sin x = 2\sin \frac{x}{2} \cos \frac{x}{2} = \frac{2\tan \frac{x}{2}}{\sec^2 \frac{x}{2}} = \frac{2\tan \frac{x}{2}}{1 + \tan^2 \frac{x}{2}}$$

の関係より，$\cos x = \dfrac{1 - t^2}{1 + t^2}$，$\sin x = \dfrac{2t}{1 + t^2}$．さらに，$dx = \dfrac{2dt}{1 + t^2}$．

$$\therefore \int f_2(\sin x, \cos x)\, dx = \int f_2\left(\frac{2t}{1 + t^2}, \frac{1 - t^2}{1 + t^2}\right) \frac{2dt}{1 + t^2}$$

すなわち，$f_2(\sin x, \cos x)$ の不定積分は有理関数の不定積分に帰着できる．

(4)　有理関数 $f_3(u, v, w)$ を用いて被積分関数が $f_3(\sin^2 x, \cos^2 x, \tan x)$ と表せる場合には，$\tan x = t$ とおくとよい．このとき，

$$\cos^2 x = \frac{1}{1 + t^2}, \quad \sin^2 x = \frac{t^2}{1 + t^2}, \quad dx = \frac{dt}{1 + t^2}$$

となる．

$$\therefore \int f_3(\sin^2 x, \cos^2 x, \tan x)\, dx = \int f_3\left(\frac{t^2}{1 + t^2}, \frac{1}{1 + t^2}, t\right) \frac{dt}{1 + t^2}$$

すなわち，$f_3(\sin^2 x, \cos^2 x, \tan x)$ の不定積分は有理関数の不定積分に帰着できる．

解

(1)　$\sin x = t$ とおくと，$\cos x\, dx = dt$．

$$\therefore \quad 与式 = \int \frac{dt}{3 + t} = \log|3 + t| + C = \log(3 + \sin x) + C$$

(2)　$\cos x = t$ とおくと，$-\sin x\, dx = dt$．

$$\therefore \quad 与式 = -\int (1 + t)\, dt = -\frac{1}{2}(1 + t)^2 + C = -\frac{1}{2}(1 + \cos x)^2 + C$$

(3)　$\tan \dfrac{x}{2} = t$ とおくと，

$$与式 = \int \frac{1 - \dfrac{2t}{1 + t^2}}{1 + \dfrac{1 - t^2}{1 + t^2}} \frac{2dt}{1 + t^2} = \int \left(1 - \frac{2t}{1 + t^2}\right) dt$$

$$= t - \log(1 + t^2) + C = \tan \frac{x}{2} - \log\left(1 + \tan^2 \frac{x}{2}\right) + C$$

$$= \tan \frac{x}{2} - \log\left(\sec^2 \frac{x}{2}\right) + C$$

(4)　$\tan x = t$ とおくと，

$$与式 = \int \frac{2}{\dfrac{4}{1 + t^2} + \dfrac{t^2}{1 + t^2}} \frac{dt}{1 + t^2} = 2\int \frac{dt}{t^2 + 4} = \operatorname{Arctan} \frac{t}{2} + C = \operatorname{Arctan}\left(\frac{1}{2}\tan x\right) + C$$

解く！

　三角関数の有理関数の不定積分に慣れるために，以下の (1)(a)〜(e)，(2)(a)〜(e)，(3)(a)〜(f)

---

[4]　$P_2(u, v)$, $Q_2(u, v)$ が u, v に関する多項式であるとき，$f_2(u, v) = \dfrac{P_2(u, v)}{Q_2(u, v)}$ を有理関数という．同様に，$P_3(u, v, w)$, $Q_3(u, v, w)$ が u, v, w に関する多項式であるとき，$f_3(u, v, w) = \dfrac{P_3(u, v, w)}{Q_3(u, v, w)}$ を有理関数という．

を埋めよう.

◆次の不定積分を求めよ.

(1) $\displaystyle\int \frac{dx}{\sin x}$ (2) $\displaystyle\int \frac{dx}{1+\sin x}$ (3) $\displaystyle\int \frac{dx}{\cos^4 x}$ ◆

(1) $\dfrac{1}{\sin x} = \dfrac{\sin x}{1-\cos^2 x}$. また, $\boxed{\text{(a)}} = t$ とおくと, $\boxed{\text{(b)}}\, dx = dt$.

$\therefore$ 与式 $= \displaystyle\int \frac{dt}{\boxed{\text{(c)}}} = \boxed{\text{(d)}} + C = \boxed{\text{(e)}} + C$

(ただし, (d) は t のみの式であり, (e) は x のみの式である)

(2) $\boxed{\text{(a)}} = t$ とおくと, $dx = \boxed{\text{(b)}}\, dt$.

$\therefore$ 与式 $= \displaystyle\int \boxed{\text{(c)}}\, dt = \boxed{\text{(d)}} + C = \boxed{\text{(e)}} + C$

(ただし, (d) は t のみの式であり, (e) は x のみの式である)

(3) $\boxed{\text{(a)}} = t$ とおくと, $dx = \dfrac{dt}{\boxed{\text{(b)}}}$, $\cos^2 x = \dfrac{1}{\boxed{\text{(c)}}}$.

$\therefore$ 与式 $= \displaystyle\int \frac{\left(\boxed{\text{(c)}}\right)^2}{\boxed{\text{(b)}}}\, dt = \int \left(\boxed{\text{(d)}}\right) dt = \boxed{\text{(e)}} + C = \boxed{\text{(f)}} + C$

(ただし, (e) は t のみの式であり, (f) は x のみの式である)

答え

(1) (a) $\cos x$ (b) $-\sin x$ (c) $t^2 - 1$ (d) $\dfrac{1}{2}\log\left|\dfrac{1-t}{1+t}\right|$

(e) $\dfrac{1}{2}\log\dfrac{1-\cos x}{1+\cos x}$

(2) (a) $\tan\frac{x}{2}$ (b) $\dfrac{2}{1+t^2}$ (c) $\dfrac{2}{(t+1)^2}$ (d) $-\dfrac{2}{1+t}$

(e) $-\dfrac{2}{1+\tan\frac{x}{2}}$

(3) (a) $\tan x$ (b) $1+t^2$ (c) $1+t^2$ (d) $1+t^2$ (e) $t + \dfrac{1}{3}t^3$

(f) $\tan x + \dfrac{1}{3}\tan^3 x$

2.2.4 無理関数の積分

$\sqrt{\dfrac{x-2}{2x+1}}$ や $\dfrac{\sqrt{x^2+4x}}{x^2}$ のように,無理関数が被積分関数となる場合の積分方法を考えよう.実は,次の例 2.9 の方針に示す置換積分を行えば,このタイプの積分も有理関数の不定積分に帰着できるのである.

例 2.9

以下の不定積分を求めよ.

(1)　$\displaystyle\int \sqrt{\dfrac{x-1}{x+1}}\,dx$　　　(2)　$\displaystyle\int \dfrac{dx}{x\sqrt{x^2+x+1}}$

方針　(1)　有理関数 $f_2(u,v)$ を用いて被積分関数が $f_2\left(x,\ \sqrt[n]{\dfrac{ax+b}{cx+d}}\right)$　$(ad \neq bc)$ と表せる場

合には，$\sqrt[n]{\dfrac{ax+b}{cx+d}}=t$ とおけばよい．このとき，

$$x=\dfrac{dt^n-b}{a-ct^n},\quad dx=\dfrac{(ad-bc)nt^{n-1}}{(a-ct^n)^2}dt$$

となるため，求める積分は有理関数の不定積分に帰着できる．

(2)　有理関数 $f_2(u,v)$ を用いて被積分関数が $f_2(x,\sqrt{ax^2+bx+c})$　$(a>0, b^2-4ac \neq 0)$ と
表せる場合には $\sqrt{ax^2+bx+c}+\sqrt{a}\,x=t$ とおけばよい．このとき，

$$x=\dfrac{t^2-c}{2\sqrt{a}\,t+b},\quad dx=\dfrac{2(\sqrt{a}\,t^2+bt+c\sqrt{a})}{(2\sqrt{a}\,t+b)^2}dt$$

となるため，求める積分は有理関数の不定積分に帰着できる[5].

解

(1)　$\sqrt{\dfrac{x-1}{x+1}}=t$ とおくと，$x=\dfrac{t^2+1}{1-t^2}$，$dx=\dfrac{4t}{(1-t^2)^2}dt$.

　$\therefore$　与式 $=\displaystyle\int \dfrac{4t^2}{(1-t^2)^2}\,dt=\int \left\{\dfrac{1}{(t-1)^2}+\dfrac{1}{(t+1)^2}+\dfrac{1}{t-1}-\dfrac{1}{t+1}\right\}dt$

　　　　　$=-\dfrac{1}{t-1}-\dfrac{1}{t+1}+\log\left|\dfrac{t-1}{t+1}\right|+C=\sqrt{x^2-1}+\log|-x+\sqrt{x^2-1}|+C$

(2)　$\sqrt{x^2+x+1}+x=t$ とおくと，$x=\dfrac{t^2-1}{2t+1}$，$\sqrt{x^2+x+1}=\dfrac{t^2+t+1}{2t+1}$，$dx=\dfrac{2(t^2+t+1)}{(2t+1)^2}dt$.

　$\therefore$　与式 $=\displaystyle\int \dfrac{2t+1}{t^2-1}\cdot\dfrac{2t+1}{t^2+t+1}\cdot\dfrac{2(t^2+t+1)}{(2t+1)^2}\,dt$

　　　　　$=\displaystyle\int \dfrac{2}{t^2-1}\,dt=\int\left(\dfrac{1}{t-1}-\dfrac{1}{t+1}\right)dt$

　　　　　$=\log\left|\dfrac{t-1}{t+1}\right|+C=\log\left|\dfrac{\sqrt{x^2+x+1}+x-1}{\sqrt{x^2+x+1}+x+1}\right|+C$

解く！

無理関数の不定積分に慣れるために，以下の (1)(a)〜(e)，(2)(a)〜(f) を埋めよう．

◆次の不定積分を求めよ．

(1)　$\displaystyle\int \dfrac{x}{\sqrt{x-1}}\,dx$　　　(2)　$\displaystyle\int \sqrt{x^2+A}\,dx$　$(A \neq 0)$　◆

5　$a<0$, $b^2-4ac>0$ の場合は，若干注意が必要である．$ax^2+bx+c=0$ の解を α および β　$(\alpha<\beta)$ とすると

$$\sqrt{ax^2+bx+c}=\sqrt{a(x-\alpha)(x-\beta)}=\sqrt{-a}(\beta-x)\sqrt{\dfrac{x-\alpha}{\beta-x}}$$

と変形することができ，上記 (1) のタイプに帰着することができる．

(1) $\boxed{\text{(a)}} = t$ とおくと, $x = \boxed{\text{(b)}}$, $dx = \boxed{\text{(c)}}\,dt$.

$\therefore$ 与式 $= \displaystyle\int \boxed{\text{(d)}}\,dt = \boxed{\text{(e)}} + C$

(2) $\boxed{\text{(a)}} = t$ とおくと, $x = \boxed{\text{(b)}}$, $dx = \boxed{\text{(c)}}\,dt$.

$\therefore$ 与式 $= \displaystyle\int \boxed{\text{(d)}}\,dt = \boxed{\text{(e)}} + C = \boxed{\text{(f)}} + C$

（ただし, (e) は t のみの式であり, (f) は x のみの式である）

答え

(1) (a) $\sqrt{x-1}$ (b) t^2+1 (c) $2t$ (d) $2(t^2+1)$

(e) $\dfrac{2}{3}(x-1)^{3/2} + 2\sqrt{x-1}$

(2) (a) $\sqrt{x^2+A} + x$ (b) $\dfrac{t^2-A}{2t}$ (c) $\dfrac{t^2+A}{2t^2}$ (d) $\dfrac{(t^2+A)^2}{4t^3}$

(e) $\dfrac{1}{8}\left(t^2 - \dfrac{A^2}{t^2}\right) + \dfrac{A}{2}\log|t|$ (f) $\dfrac{1}{2}\left(x\sqrt{x^2+A} + A\log\left|x + \sqrt{x^2+A}\right|\right)$

練習問題 2.2

[1] 次の不定積分を求めよ.

(1) $\displaystyle\int \sin^2 x\,dx$ (2) $\displaystyle\int \cos^3 x\,dx$

[2] 不定積分 $I_n = \displaystyle\int \tan^n x\,dx$ について, 次の問いに答えよ.

(1) 漸化式 $I_n = \dfrac{1}{n-1}\tan^{n-1} x - I_{n-2}$ $(n \neq 1)$ を示せ.

(2) I_0, I_1 を求めよ. (3) I_4, I_5 を求めよ.

[3] 次の不定積分を求めよ.

(1) $\displaystyle\int \dfrac{x^4+5}{x^5+10x}\,dx$ (2) $\displaystyle\int \dfrac{2x^3+3x^2+1}{x^2+3x-10}\,dx$

[4] 有理関数 $f(x) = \dfrac{x+2}{x(x^2+1)^2}$ と不定積分 $I_n = \displaystyle\int \dfrac{dx}{(x^2+1)^n}$ について, 次の問いに答えよ.

(1) $f(x)$ を部分分数に分解せよ.

(2) 漸化式 $I_{n+1} = \dfrac{1}{2n}\left\{\dfrac{x}{(x^2+1)^n} + (2n-1)I_n\right\}$ $(n \geqq 1)$ を示し, I_2 を求めよ.

(3) 不定積分 $\displaystyle\int f(x)\,dx$ を求めよ.

[5] 次の不定積分を求めよ.

(1) $\displaystyle\int \dfrac{dx}{\cos x}$ (2) $\displaystyle\int \dfrac{2+\sin x}{\sin x(1+\cos x)}\,dx$

(3) $\displaystyle\int \dfrac{dx}{a^2 + b^2\tan^2 x}$ $(a \neq 0, b \neq 0, a^2 \neq b^2)$

[6] 次の不定積分を求めよ.

(1) $\displaystyle\int \frac{1}{x}\sqrt{\frac{x}{x-1}}\,dx$　　　(2) $\displaystyle\int \frac{dx}{x^2\sqrt{x^2+1}}$

2.3　面積と不定積分の美味しい関係——微積分学の基本定理

2.3.1　リーマン積分

$f(x)$ を区間 $[a,b]$ で定義された関数とする．$a=x_0<x_1<x_2<\cdots<x_{n-1}<x_n=b$ を満たす $x_0,x_1,\dots,x_n$ によって区間 $[a,b]$ を n 個の小区間 $[x_0,x_1],[x_1,x_2],\dots,[x_{n-1},x_n]$ に分割し，小区間内に $x_{k-1}\leqq c_k\leqq x_k\ (k=1,2,\dots,n)$ を満たす c_k を任意に選ぶ（図 2.1 参照）．このとき，集合 $\Delta=\{x_0,x_1,\dots,x_n\}$，$\Gamma=\{c_1,c_2,\dots,c_n\}$ を用いて総和

$$\sigma(\Delta,\Gamma)=\sum_{k=1}^{n}f(c_k)(x_k-x_{k-1})$$

を定義する．$\sigma(\Delta,\Gamma)$ は分割 Δ による関数 $f(x)$ のリーマン和と呼ばれる．分割の細かさを特徴づけるため，小区間 $[x_0,x_1],[x_1,x_2],\cdots,[x_{n-1},x_n]$ の長さの最大値を $|\Delta|=\max_{i}(x_i-x_{i-1})$ で表そう．このとき，分割を細かくするとは $|\Delta|\to 0$ と表せる．

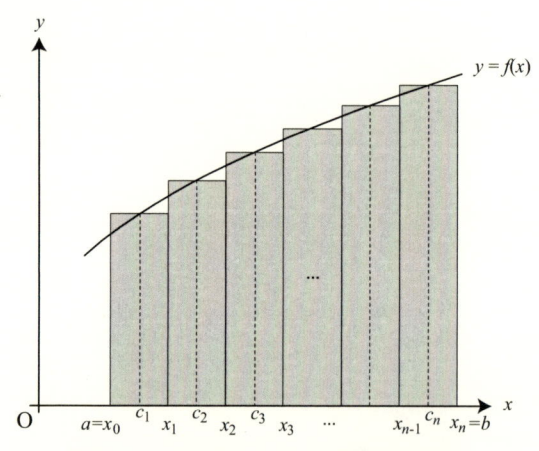

図 2.1　リーマン和 $\sigma(\Delta,\Gamma)$ の幾何学的意味．

極限値 $\displaystyle\lim_{|\Delta|\to 0}\sigma(\Delta,\Gamma)$ が存在するとき，関数 $f(x)$ は区間 $[a,b]$ で（リーマン）積分可能であるという．また，その極限値を a から b までの定積分と呼び，$\displaystyle\int_a^b f(x)dx$ で表す．すなわち，$f(x)$ が積分可能であるとき，次式が成り立つ．

$$\lim_{|\Delta|\to 0}\sigma(\Delta,\Gamma)=\int_a^b f(x)dx \tag{2.14}$$

上記定義より明らかなように，$[a,b]$ で $f(x)\geqq 0$ のとき，リーマン和 $\sigma(\Delta,\Gamma)$ は図 2.1 の影を付けた部分の面積を示す．それゆえ，式 (2.14) は曲線 $y=f(x)$ と直線 $x=a$, $x=b$ と x 軸に囲

まれた部分の面積を表す．それでは，$f(x)$ が積分可能になるのは，どのような場合であろうか？

関数 $f(x)$ が積分可能になることを保証しているのが次の定理である．

定理

関数 $f(x)$ は区間 $[a, b]$ で連続であれば，$[a, b]$ で積分可能である．

定積分の定義より導かれる重要な性質を以下に挙げておく．

公式

積分可能な 2 つの関数 $f(x)$，$g(x)$ と実数 α，a，b，c に対して，次の公式が成り立つ．

$$\int_a^b \{f(x) + g(x)\} dx = \int_a^b f(x)dx + \int_a^b g(x)dx \tag{2.15}$$

$$\int_a^b \alpha f(x)dx = \alpha \int_a^b f(x)dx \tag{2.16}$$

$$\int_a^b f(x)dx = \int_a^c f(x)dx + \int_c^b f(x)dx \tag{2.17}$$

式 (2.15)〜式 (2.17) は定積分の定義から直接導かれるが，式 (2.15)，式 (2.16) では $a < b$ が仮定され，式 (2.17) では $a < c < b$ が仮定されている．しかしながら，$a \geqq b$ の場合にも定積分を考え，

$$\int_a^b f(x)dx = -\int_b^a f(x)dx \tag{2.18}$$

と約束する．このとき，式 (2.15)〜式 (2.17) は a，b，c の大小に関係なく成り立つことになる．

2.3.2 定積分と原始関数

定積分の計算を行う場合，リーマン和の極限を求める必要はない．実は，定積分と原始関数の間には極めて「美味しい」関係がある．

微積分学の基本定理

$F(x)$ を関数 $f(x)$ の原始関数とするとき，次式が成り立つ．

$$\int_a^b f(x)dx = [F(x)]_a^b = F(b) - F(a) \tag{2.19}$$

微積分学の基本定理は，不定積分を求めることができれば，定積分が計算できることを示している．それゆえ，部分積分法や置換積分法も定積分を計算する際の強力なツールになり得るのである．

公式

部分積分

$$\int_a^b f'(x)g(x)dx = \left[f(x)g(x)\right]_a^b - \int_a^b f(x)g'(x)dx \qquad (2.20)$$

置換積分

$$x = g(t) \text{ のとき, } \int_{g(\alpha)}^{g(\beta)} f(x)dx = \int_\alpha^\beta f(g(t))g'(t)dt \qquad (2.21)$$

例 2.10

次の定積分を求めよ.

(1) $\displaystyle\int_0^1 \frac{x^2}{\sqrt{x^2+4}}\,dx$ (2) $\displaystyle\int_1^e x\log x\,dx$ (3) $\displaystyle\int_0^{\pi/2} \frac{dx}{2+\cos x}$

解

(1)

$$\text{与式} = \int_0^1 \left(\sqrt{x^2+4} - \frac{4}{\sqrt{x^2+4}}\right) dx$$

$$= \left[\frac{1}{2}\left\{x\sqrt{x^2+4} + 4\log\left(x+\sqrt{x^2+4}\right)\right\} - 4\log\left(x+\sqrt{x^2+4}\right)\right]_0^1 \quad (\because \text{ 式 }(2.5), \text{ 式 }(2.6))$$

$$= \frac{\sqrt{5}}{2} - 2\log\frac{1+\sqrt{5}}{2}$$

(2)

$$\text{与式} = \int_1^e \left(\frac{x^2}{2}\right)' \log x\,dx = \left[\frac{x^2}{2}\log x\right]_1^e - \int_1^e \frac{x^2}{2}\frac{1}{x}\,dx = \frac{e^2}{2} - \left[\frac{x^2}{4}\right]_1^e = \frac{e^2+1}{4}$$

(3) $\tan\dfrac{x}{2} = t$ とおくと, $\cos x = \dfrac{1-t^2}{1+t^2}$, $dx = \dfrac{2dt}{1+t^2}$.

$$\therefore \quad \text{与式} = 2\int_0^1 \frac{dt}{t^2+3} = 2\left[\frac{1}{\sqrt{3}}\text{Arctan}\frac{t}{\sqrt{3}}\right]_0^1 = \frac{\pi}{3\sqrt{3}}$$

解く！

定積分の計算に慣れるために, 以下の (1)(a)〜(d), (2)(a)〜(e), (3)(a)〜(g) を埋めよう.

◆次の定積分を求めよ.

(1) $\displaystyle\int_0^{\pi/3} \frac{dx}{\cos^2 x}$ (2) $\displaystyle\int_0^{1/2} \text{Arcsin}\,x\,dx$ (3) $\displaystyle\int_0^1 \frac{x-2}{x^2+x+1}\,dx$ ◆

(1)

$$\int_0^{\pi/3} \frac{dx}{\cos^2 x} = \left[\boxed{\text{(a)}}\right]_0^{\frac{\pi}{3}} = \boxed{\text{(b)}} - \boxed{\text{(c)}} = \boxed{\text{(d)}}$$

(2)

$$\text{与式} = \left[\boxed{\text{(a)}}\right]_0^{1/2} - \int_0^{1/2} \boxed{\text{(b)}}\,dx \quad (\because \text{ 部分積分})$$

$$= \boxed{(c)} + \left[\boxed{(d)} \right]_0^{1/2} = \boxed{(c)} + \boxed{(e)}$$

(3) $\dfrac{x-2}{x^2+x+1} = \boxed{(a)} \dfrac{(x^2+x+1)'}{x^2+x+1} - \dfrac{\boxed{(b)}}{x^2+x+1}$.

$$\therefore \quad 与式 = \boxed{(a)} \int_0^1 \frac{(x^2+x+1)'}{x^2+x+1} dx - \boxed{(b)} \int_0^1 \frac{dx}{\left(x + \boxed{(c)} \right)^2 + \boxed{(d)}}$$

$$= \boxed{(a)} \left[\boxed{(e)} \right]_0^1 - \boxed{(b)} \left[\boxed{(f)} \right]_0^1 = \boxed{(g)}$$

答え

(1)　(a)　$\tan x$　　　(b)　$\tan \dfrac{\pi}{3}$　　　(c)　$\tan 0$　　　(d)　$\sqrt{3}$

(2)　(a)　$x \operatorname{Arcsin} x$　　　(b)　$\dfrac{x}{\sqrt{1-x^2}}$　　　(c)　$\dfrac{\pi}{12}$　　　(d)　$\sqrt{1-x^2}$

　　(e)　$\dfrac{\sqrt{3}}{2} - 1$

(3)　(a)　$\dfrac{1}{2}$　　　(b)　$\dfrac{5}{2}$　　　(c)　$\dfrac{1}{2}$　　　(d)　$\dfrac{3}{4}$　　　(e)　$\log(x^2+x+1)$

　　(f)　$\dfrac{2}{\sqrt{3}} \operatorname{Arctan} \dfrac{2}{\sqrt{3}} \left(x + \dfrac{1}{2} \right)$　　　(g)　$\dfrac{1}{2} \log 3 - \dfrac{5}{6\sqrt{3}} \pi$

例 2.11

極限値 $\displaystyle \lim_{n \to \infty} \frac{1}{n} \sum_{k=1}^{n} \sin\left(\frac{\pi k}{n} \right)$ を求めよ.

方針　関数 $f(x)$ が $[a,b]$ で積分可能ならば, 分割を細かくすれば, リーマン和は $\displaystyle \int_a^b f(x)dx$ に収束する. しかも, 極限値は集合 $\Delta = \{x_0, x_1, \ldots, x_n\}, \Gamma = \{c_1, c_2, \ldots, c_n\}$ の選び方に影響されない. それゆえ, $[a,b]$ を n 等分して $x_0, x_1, \ldots, x_n$ を作り, $c_k = x_k = a + \dfrac{k}{n}(b-a)$ $(k=1, 2, \ldots, n)$ と選ぶと, 式 (2.14) は次式のようになる.

$$\lim_{n \to \infty} \frac{b-a}{n} \sum_{k=1}^{n} f\left(a + \frac{k}{n}(b-a) \right) = \int_a^b f(x)dx$$

つまり, このタイプの問題では, 求める極限を上式左辺の形に書き換えることによって関数 $f(x)$ を見つければよい.

解

$$与式 = \frac{1}{\pi} \lim_{n \to \infty} \frac{\pi}{n} \sum_{k=1}^{n} \sin\left(\frac{\pi k}{n} \right) = \frac{1}{\pi} \int_0^{\pi} \sin x \, dx = \frac{1}{\pi} \left[-\cos x \right]_0^{\pi} = \frac{2}{\pi}.$$

解く！

リーマン和の極限の計算に慣れるために, 以下の (a)〜(f) を埋めよう.

◆極限値 $\displaystyle \lim_{n \to \infty} \sum_{k=1}^{n} \frac{k}{k^2+n^2}$ を求めよ.　◆

$$\text{与式} = \lim_{n \to \infty} \frac{1}{n} \sum_{k=1}^{n} \boxed{\text{(a)}} = \int \frac{\boxed{\text{(c)}}}{\boxed{\text{(b)}}} \boxed{\text{(d)}} \, dx = \left[\boxed{\text{(e)}} \right] \frac{\boxed{\text{(c)}}}{\boxed{\text{(b)}}} = \boxed{\text{(f)}}$$

答え

(a) $\dfrac{k/n}{(k/n)^2 + 1}$ (b) 0 (c) 1 (d) $\dfrac{x}{x^2 + 1}$ (e) $\dfrac{1}{2} \log(x^2 + 1)$

(f) $\dfrac{1}{2} \log 2$

　被積分関数が偶関数，奇関数，周期関数という特別な性質をもつ場合，次式を用いれば定積分の計算を簡単にできる．

公式

$$f(x) \text{ が奇関数} \Rightarrow \int_{-a}^{a} f(x)\,dx = 0 \tag{2.22}$$

$$f(x) \text{ が偶関数} \Rightarrow \int_{-a}^{a} f(x)\,dx = 2 \int_{0}^{a} f(x)\,dx \tag{2.23}$$

$$f(x) \text{ が周期 } T \text{ の周期関数} \Rightarrow \int_{0}^{T} f(x)\,dx = \int_{a}^{a+T} f(x)\,dx \tag{2.24}$$

例 2.12

　次の定積分を求めよ．

(1) $\displaystyle \int_{-\pi/2}^{\pi/2} (\sin x + \cos x)\,dx$ (2) $\displaystyle \int_{0}^{\pi} \frac{|\cos x|}{1 + \sin^2 x}\,dx$

解

(1)

$$\text{与式} = 2 \int_{0}^{\pi/2} \cos x\,dx \quad (\because \quad \text{式 (2.22)，式 (2.23)})$$

$$= 2 \left[\sin x \right]_{0}^{\pi/2} = 2$$

(2) $f(x) = \dfrac{|\cos x|}{1 + \sin^2 x}$ は $f(x + \pi) = f(x)$ を満たすから，周期を π とする周期関数である．

$$\therefore \quad \text{与式} \overset{(2.24)}{=} \int_{-\pi/2}^{\pi/2} f(x)\,dx \overset{(2.23)}{=} 2 \int_{0}^{\pi/2} f(x)\,dx \quad (\because \quad f(x) = f(-x))$$

$$= 2 \int_{0}^{\pi/2} \frac{(\sin x)'}{1 + \sin^2 x}\,dx = 2 \left[\text{Arctan}\,(\sin x) \right]_{0}^{\pi/2} = \frac{\pi}{2}$$

解く！

　式 (2.22)〜式 (2.24) の使い方に慣れるために，以下の (1)(a)〜(d)，(2)(a)〜(f) を埋めよう．

◆次の定積分を求めよ．

(1) $\displaystyle\int_{-a}^{a}\sqrt{a^2-x^2}\,dx\ (a>0)$ (2) $\displaystyle\int_{c}^{\pi+c}(a\cos^2 x+b\sin^2 x)\,dx$ ◆

(1)

$$\text{与式}\overset{(2.23)}{=}2\int_0^a\sqrt{a^2-x^2}\,dx=2a^2\int_0^{\pi/2}\boxed{(a)}\,dt\quad\left(\because\quad x=\boxed{(b)}\text{で置換積分}\right)$$

$$=a^2\left[\boxed{(c)}\right]_0^{\pi/2}=\boxed{(d)}$$

(2) 被積分関数を $f(x)=a\cos^2 x+b\sin^2 x$ とおき，半角公式 $\cos^2 x=\dfrac{1}{2}(1+\cos 2x)$，

$\sin^2 x=\dfrac{1}{2}(1-\cos 2x)$ を代入すると $f(x)=\boxed{(a)}$．ゆえに，$f(x)$ は周期を $\boxed{(b)}$ とする周期関数である．

$$\therefore\quad\text{与式}\overset{(2.24)}{=}\int_{\boxed{(c)}}^{\boxed{(d)}}f(x)\,dx=\left[\boxed{(e)}\right]_{\boxed{(c)}}^{\boxed{(d)}}=\boxed{(f)}$$

答え

(1) (a) $\cos^2 t$ (b) $a\sin t$ (c) $t+\dfrac{1}{2}\sin 2t$ (d) $\dfrac{\pi a^2}{2}$

(2) (a) $\dfrac{a+b}{2}+\dfrac{a-b}{2}\cos 2x$ (b) π (c) 0 (d) π

  (e) $\dfrac{a+b}{2}x+\dfrac{a-b}{4}\sin 2x$ (f) $\dfrac{\pi(a+b)}{2}$

練習問題 2.3

[1] 次の定積分を求めよ．

(1) $\displaystyle\int_0^1\operatorname{Arctan}x\,dx$ (2) $\displaystyle\int_0^{\pi/4}\dfrac{dx}{a^2\sin^2 x+b^2\cos^2 x}\ (ab\neq 0)$

(3) $\displaystyle\int_{-\pi}^{\pi}x^2(\sin x-\cos x)\,dx$ (4) $\displaystyle\int_{\frac{\sqrt{2}}{2}}^{\frac{\pi+\sqrt{2}}{2}}\cos^2 x\sin^2 x\,dx$

[2] 極限値 $\displaystyle\lim_{n\to\infty}\dfrac{4}{n}\sum_{k=1}^{n}\sqrt{1-\left(\dfrac{k}{n}\right)^2}$ を求めよ．

[3] 定積分 $I_n=\displaystyle\int_0^{\pi/2}\sin^n x\,dx,\ J_n=\int_0^{\pi/2}\cos^n x\,dx$ について次の問いに答えよ．

(1) $I_n=J_n\ (n\geqq 0)$ を示せ．

(2) 次の等式を示せ．

$$I_n=J_n=\begin{cases}\dfrac{n-1}{n}\cdot\dfrac{n-3}{n-2}\cdots\dfrac{3}{4}\cdot\dfrac{1}{2}\cdot\dfrac{\pi}{2} & (n:\text{偶数})\\[4mm]\dfrac{n-1}{n}\cdot\dfrac{n-3}{n-2}\cdots\dfrac{4}{5}\cdot\dfrac{2}{3} & (n:\text{奇数})\end{cases}$$

2.4　寛い心で結果オーライ——広義積分

2.4.1　第 1 種広義積分

2.3 節までは，関数 $f(x)$ が閉区間 $[a, b]$ で連続な場合だけを対象としてきたが，次の定積分を考えてみよう．

$$I \equiv \int_0^1 \log x \, dx$$

この場合，被積分関数 $\log x$ は区間 $(0, 1]$ では連続であるが，$x = 0$ で発散するため，このままでは I を計算できない．一方，$\varepsilon > 0$ のとき，関数 $\log x$ は区間 $[\varepsilon, 1]$ で連続になるため，定積分 $I_\varepsilon \equiv \int_\varepsilon^1 \log x \, dx$ を計算できる（図 2.2 参照）．すなわち，

$$I_\varepsilon = \left[x \log x - x \right]_\varepsilon^1 = -1 - \varepsilon \log \varepsilon + \varepsilon$$

さらに，$\displaystyle \lim_{\varepsilon \to +0} I_\varepsilon = \lim_{\varepsilon \to +0} (-1 - \varepsilon \log \varepsilon + \varepsilon) = -1$ となるから，極限値：

$$\lim_{\varepsilon \to +0} \int_\varepsilon^1 \log x \, dx = -1$$

が計算できることになる．上式の左辺を「寛い心」で定積分 I の値とみなし，第 1 種広義積分という．すなわち，被積分関数が連続となる閉区間で定積分を求め，その値に対して極限操作を行うのが，第 1 種広義積分である（図 2.2 参照）．

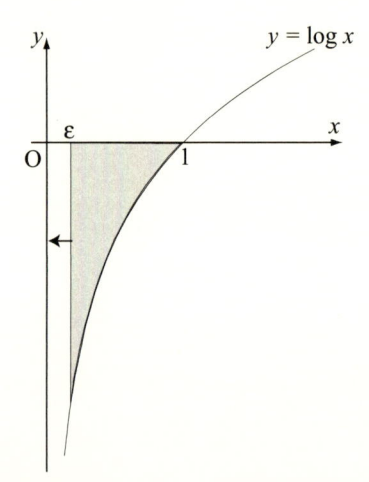

図 2.2　第 1 種広義積分の概念図．ただし，影を付けた部分の面積が $-I_\varepsilon$ である．

第 1 種広義積分の定義を以下に示しておこう．

定義

関数 $f(x)$ が区間 $(a, b]$ で，関数 $g(x)$ が区間 $[a, b)$ で，関数 $h(x)$ が区間 (a, b) で連続であるとき，次のように定積分を定義する．

$$\int_a^b f(x)dx = \lim_{\varepsilon \to +0} \int_{a+\varepsilon}^b f(x)dx \tag{2.25}$$

$$\int_a^b g(x)dx = \lim_{\varepsilon \to +0} \int_a^{b-\varepsilon} g(x)dx \tag{2.26}$$

$$\int_a^b h(x)dx = \lim_{\substack{\varepsilon \to +0 \\ \eta \to +0}} \int_{a+\eta}^{b-\varepsilon} h(x)dx \tag{2.27}$$

式 (2.25)，式 (2.26)，式 (2.27) を第 1 種広義積分と呼ぶ．右辺の極限値が存在する場合，広義積分は収束するといい，逆に存在しない場合，広義積分は発散するという．

例 2.13

次に示す場合について，定積分 $I = \int_0^1 \dfrac{dx}{x^\alpha}$ の値を求めよ．ただし，α は実数である．

(1)　$\alpha < 1$　　　(2)　$\alpha = 1$　　　(3)　$\alpha > 1$

解

(1)　まず，$\alpha \leqq 0$ の場合，通常の定積分となる．

$$\therefore \quad I = \frac{1}{1-\alpha}\left[x^{1-\alpha}\right]_0^1 = \frac{1}{1-\alpha}$$

次に，$0 < \alpha < 1$ の場合，被積分関数 $\dfrac{1}{x^\alpha}$ は $x = 0$ で発散する．

$$\therefore \quad I \overset{(2.25)}{=} \lim_{\varepsilon \to +0} \int_\varepsilon^1 \frac{dx}{x^\alpha} = \lim_{\varepsilon \to +0}\left[\frac{x^{1-\alpha}}{1-\alpha}\right]_\varepsilon^1$$

$$= \lim_{\varepsilon \to +0} \frac{1}{1-\alpha}(1-\varepsilon^{1-\alpha}) = \frac{1}{1-\alpha} \quad \left(\because \quad 1-\alpha > 0 \text{ より } \lim_{\varepsilon \to +0} \varepsilon^{1-\alpha} = 0\right)$$

以上より $\alpha < 1$ のとき，$I = \dfrac{1}{1-\alpha}$.

(2)　被積分関数 $\dfrac{1}{x}$ は $x = 0$ で発散する．

$$\therefore \quad I \overset{(2.25)}{=} \lim_{\varepsilon \to +0} \int_\varepsilon^1 \frac{dx}{x} = \lim_{\varepsilon \to +0}\left[\log x\right]_\varepsilon^1 = \lim_{\varepsilon \to +0}(-\log \varepsilon) = \infty$$

よって，広義積分 I は発散する．

(3)　(1) の $0 < \alpha < 1$ の場合と同様に，

$$I = \lim_{\varepsilon \to +0} \frac{1}{1-\alpha}(1-\varepsilon^{1-\alpha})$$

$$= \lim_{\varepsilon \to +0} \frac{1}{\alpha-1}\left(\frac{1}{\varepsilon^{\alpha-1}}-1\right) = \infty \left(\because \quad \alpha-1 > 0 \text{ より } \lim_{\varepsilon \to +0} \varepsilon^{\alpha-1} = 0\right)$$

よって，$\alpha > 1$ のとき広義積分 I は発散する．

解く！

第 1 種広義積分の計算に慣れるために，以下の (1)(a)～(c)，(2)(a)～(e) を埋めよう．

◆ $a > 0$ のとき，次の定積分を求めよ．

(1)　$\displaystyle\int_0^a \frac{dx}{\sqrt{a^2-x^2}}$　　　　(2)　$\displaystyle\int_0^a \frac{dx}{a^2-x^2}$ ◆

(1)　被積分関数 $\dfrac{1}{\sqrt{a^2 - x^2}}$ は $x = a$ で発散する．

$\therefore$　与式 $\overset{(2.26)}{=} \lim\limits_{\varepsilon \to +0} \displaystyle\int_0^{a-\varepsilon} \dfrac{dx}{\sqrt{a^2 - x^2}} \overset{(2.3)}{=} \lim\limits_{\varepsilon \to +0} \left[\boxed{\text{(a)}} \right]_0^{a-\varepsilon} = \lim\limits_{\varepsilon \to +0} \boxed{\text{(b)}} = \boxed{\text{(c)}}$

(2)　被積分関数 $\dfrac{1}{a^2 - x^2}$ は $x = a$ で発散する．

$\therefore$　与式 $\overset{(2.26)}{=} \lim\limits_{\varepsilon \to +0} \displaystyle\int_0^{a-\varepsilon} \dfrac{dx}{a^2 - x^2} = \dfrac{1}{2a} \lim\limits_{\varepsilon \to +0} \displaystyle\int_0^{a-\varepsilon} \left(\boxed{\text{(a)}} - \boxed{\text{(b)}} \right) dx$

$\qquad = \dfrac{1}{2a} \lim\limits_{\varepsilon \to +0} \left[\boxed{\text{(c)}} \right]_0^{a-\varepsilon} = \dfrac{1}{2a} \lim\limits_{\varepsilon \to +0} \left(\boxed{\text{(d)}} \right) = \boxed{\text{(e)}}$

答え

(1)　(a)　$\text{Arcsin } \dfrac{x}{a}$　　　(b)　$\text{Arcsin } \dfrac{a - \varepsilon}{a}$　　　(c)　$\dfrac{\pi}{2}$

(2)　(a)　$\dfrac{1}{x + a}$　　(b)　$\dfrac{1}{x - a}$　　(c)　$\log \left| \dfrac{a + x}{a - x} \right|$　　(d)　$\log \left| \dfrac{2a - \varepsilon}{\varepsilon} \right|$

$\quad$　(e)　∞

2.4.2　第 2 種広義積分

積分区間が半無限区間 $[a, \infty)$ や無限区間 $(-\infty, \infty)$ のとき，定積分はどのように計算されるであろうか？　次の定積分を考えてみよう．

$$J \equiv \int_0^{\infty} \dfrac{dx}{(x + 1)^{3/2}}$$

この場合，積分区間 $[0, \infty)$ が半無限区間であるため，このままでは J を計算できない．一方，有限の実数 δ に対して，関数 $\dfrac{1}{(x + 1)^{3/2}}$ は区間 $[0, \delta]$ で連続になるため，定積分

$J_\delta \equiv \displaystyle\int_0^{\delta} \dfrac{dx}{(x + 1)^{3/2}}$ を計算できる（図 2.3 参照）．すなわち，

$$J_\delta = \left[-\dfrac{2}{\sqrt{x + 1}} \right]_0^{\delta} = -\dfrac{2}{\sqrt{\delta + 1}} + 2.$$

さらに，

$$\lim_{\delta \to \infty} J_\delta = \lim_{\delta \to \infty} \left(-\dfrac{2}{\sqrt{\delta + 1}} + 2 \right) = 2$$

となるから，極限値：

$$\lim_{\delta \to \infty} \int_0^{\delta} \dfrac{dx}{(x + 1)^{3/2}} = 2$$

が計算できることになる．上式の左辺をやはり「寛い心」で定積分 J の値とみなし，第 2 種広義積分という．すなわち，被積分関数が連続となる有限区間で定積分を求め，その値に対して極限操作を行うのが，第 2 種広義積分である（図 2.3 参照）．

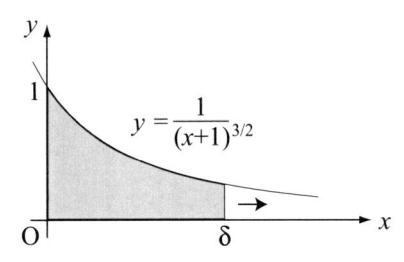

図 2.3 第 2 種広義積分の概念図. ただし，影を付けた部分の面積が I_δ である.

第 2 種広義積分の定義を以下に示しておこう.

定義

関数 $f(x)$ が区間 $[a, \infty)$ で，関数 $g(x)$ が区間 $(-\infty, b]$ で，関数 $h(x)$ が区間 $(-\infty, \infty)$ で連続であるとき，次のように定積分を定義する.

$$\int_a^\infty f(x)dx = \lim_{\delta \to \infty} \int_a^\delta f(x)dx \tag{2.28}$$

$$\int_{-\infty}^b g(x)dx = \lim_{\gamma \to -\infty} \int_\gamma^b g(x)dx \tag{2.29}$$

$$\int_{-\infty}^\infty h(x)dx = \lim_{\substack{\delta \to \infty \\ \gamma \to -\infty}} \int_\gamma^\delta h(x)dx \tag{2.30}$$

式 (2.28)，式 (2.29)，式 (2.30) を第 2 種広義積分と呼ぶ. 右辺の極限値が存在する場合，広義積分は収束するといい，逆に存在しない場合，広義積分は発散するという.

例 2.14

質量 M および m の 2 つの物体が距離 r だけ離れているとき，その物体間には引力 $F = G\dfrac{mM}{r^2}$（G：万有引力定数）が働く. この力は万有引力と呼ばれ，その向きは 2 つの物体を結ぶ直線方向にある. この事実はイギリスの物理学者アイザック・ニュートンにより 1665 年に発見された. さらに，$r = \infty$ から $r = R$ まで質量 m の物体を移動させたとき，万有引力によってなされた仕事 $\Phi(R)$ は万有引力ポテンシャルと呼ばれ，定積分 $\Phi(R) = -\displaystyle\int_R^\infty G\dfrac{mM}{r^2}dr$ で表される. $\Phi(R)$ を第 2 種広義積分として求めよ.

解

$$\text{与式} \overset{(2.28)}{=} \lim_{\delta \to \infty} \left[G\frac{mM}{r} \right]_R^\delta = -G\frac{mM}{R}$$

解く！

第 2 種広義積分の計算に慣れるため，以下の (1)(a)〜(c)，(2)(a)〜(b)，(3)(a)〜(c) を埋めよう．

◆次の定積分を求めよ．

(1) $\displaystyle\int_2^\infty \frac{dx}{x-1}$　　　　(2) $\displaystyle\int_{-\infty}^1 e^x\,dx$　　　　(3) $\displaystyle\int_{-\infty}^\infty \frac{dx}{x^2+1}$ ◆

(1)

$$与式 \overset{(2.28)}{=} \lim_{\delta\to\infty}\int_2^\delta \frac{dx}{x-1} = \lim_{\delta\to\infty}\left[\,\boxed{(a)}\,\right]_2^\delta = \lim_{\delta\to\infty}\boxed{(b)} = \boxed{(c)}$$

(2)

$$与式 \overset{(2.29)}{=} \lim_{\gamma\to-\infty}\int_\gamma^1 e^x\,dx = \lim_{\gamma\to-\infty}[e^x]_\gamma^1 = \lim_{\gamma\to-\infty}\left(\boxed{(a)}\right) = \boxed{(b)}$$

(3)

$$与式 \overset{(2.30)}{=} \lim_{\substack{\delta\to\infty\\\gamma\to-\infty}}\int_\gamma^\delta \frac{dx}{x^2+1} = \lim_{\substack{\delta\to\infty\\\gamma\to-\infty}}\left[\,\boxed{(a)}\,\right]_\gamma^\delta = \lim_{\substack{\delta\to\infty\\\gamma\to-\infty}}\left(\boxed{(b)}\right) = \boxed{(c)}$$

答え
(1)　(a)　$\log|x-1|$　　(b)　$\log|\delta-1|$　　(c)　∞

(2)　(a)　$e - e^\gamma$　　(b)　e

(3)　(a)　$\mathrm{Arctan}\,x$　　(b)　$\mathrm{Arctan}\,\delta - \mathrm{Arctan}\,\gamma$　　(c)　π

解く！

第 2 種広義積分の計算に慣れるため，以下の (1)(a)〜(c)，(2)(a)〜(d) を埋めよう．

◆ $\Gamma(s) = \displaystyle\int_0^\infty e^{-x}x^{s-1}\,dx$　$(s>0)$ で定義される関数 $\Gamma(s)$ について，次の問いに答えよ．

(1)　$\Gamma(1)$ を求めよ．　　　　(2)　$\Gamma(s+1) = s\Gamma(s)$ を導け．　◆

(1)

$$\Gamma(1) = \int_0^\infty e^{-x}\,dx \overset{(2.28)}{=} \lim_{\delta\to\infty}\int_0^\delta e^{-x}\,dx = \lim_{\delta\to\infty}\left[\,\boxed{(a)}\,\right]_0^\delta = \lim_{\delta\to\infty}\left(\boxed{(b)}\right) = \boxed{(c)}$$

(2)

$$\Gamma(s+1) = \int_0^\infty e^{-x}x^s\,dx \overset{(2.28)}{=} \lim_{\delta\to\infty}\int_0^\delta e^{-x}x^s\,dx$$

$$= \lim_{\delta\to\infty}\left(-\left[\,\boxed{(a)}\,\right]_0^\delta + \int_0^\delta \boxed{(b)}\,dx\right) \quad (\because\quad 部分積分)$$

$$= -\lim_{\delta\to\infty}\boxed{(c)} + s\lim_{\delta\to\infty}\int_0^\delta e^{-x}x^{s-1}\,dx$$

ここで，上式の最右辺の第 2 項は $s\Gamma(s)$ と等しい．(1.16) より，最右辺第 1 項は $\boxed{(d)}$ となる．

$$\therefore \quad \Gamma(s+1) = s\Gamma(s).$$

答え

(1)　(a) $-e^{-x}$　　　(b) $1 - e^{-\delta}$　　　(c) 1

(2)　(a) $e^{-x}x^s$　　(b) $se^{-x}x^{s-1}$　　(c) $\dfrac{\delta^s}{e^\delta}$　　(d) 0

Coffee Break　　実数の階乗とは？　——ガンマ関数

$\Gamma(s) \equiv \displaystyle\int_0^\infty e^{-x}x^{s-1}\,dx \quad (s > 0)$ をガンマ関数という．76 ページの「解く！」より明らかなように，ガンマ関数 $\Gamma(s)$ は $\Gamma(1) = 1$, $\Gamma(s+1) = s\Gamma(s)$ を満たすから，任意の自然数 n に対して

$$\Gamma(n+1) = n! \tag{2.31}$$

が成り立つ．式 (2.31) は，ガンマ関数が階乗の自然な拡張になっていることを示している．

　実は，ガンマ関数は任意の実数 s にまで定義域を拡張できる．図 2.4 にガンマ関数 $y = \Gamma(s)$ のグラフを示しておく．

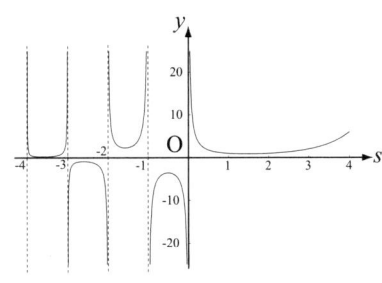

図 2.4　ガンマ関数 $y = \Gamma(s)$

練習問題 2.4

[1]　次の定積分を求めよ．

(1)　$\displaystyle\int_{-2}^{7} \frac{dx}{(x+1)^{2/3}}$　　　　(2)　$\displaystyle\int_0^{\pi/2} \sec^2 x\,dx$

(3)　$\displaystyle\int_1^e \frac{(\log x)^\alpha}{x}\,dx \ (-1 < \alpha < 0)$

[2]　次の定積分を求めよ．

(1)　$\displaystyle\int_{-\infty}^0 \frac{dx}{5 - 2x}$　　　　(2)　$\displaystyle\int_0^\infty xe^{-x}\,dx$

2.5 積分法の応用

2.5.1 図形の面積

2.3 節で述べたように，関数 $f(x)$ が区間 $[a, b]$ で連続かつ $f(x) \geqq 0$ を満たすとき，定積分 $\displaystyle\int_a^b f(x)dx$ は曲線 $y = f(x)$ と 2 直線 $x = a$，$x = b$ と x 軸で囲まれた図形の面積 S を示した.

一般に，2 つの関数 $f(x)$ および $g(x)$ が区間 $[a, b]$ で連続かつ $f(x) \geqq g(x)$ を満たすとき，2 曲線 $y = f(x)$，$y = g(x)$ と 2 直線 $x = a$，$x = b$ で囲まれる図形の面積 S（図 2.5 参照）は，次のように表される.

$$S = \int_a^b \left\{ f(x) - g(x) \right\} dx \tag{2.32}$$

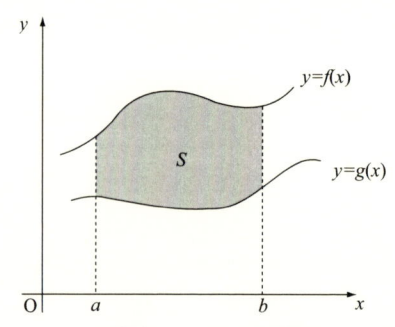

図 2.5　曲線 $y = f(x)$，$y = g(x)$，直線 $x = a$ および直線 $x = b$ で囲まれる図形の面積 S.

例 2.15

2 曲線 $y = \sin x$，$y = \sin^2 x$ の $0 \leqq x \leqq \dfrac{\pi}{2}$ の部分で囲まれる図形の面積 S を求めよ.

解

$0 \leqq x \leqq \dfrac{\pi}{2}$ で，$\sin x - \sin^2 x = \sin x (1 - \sin x) \geqq 0$ であるから，求める面積 S は

$$S = \int_0^{\pi/2} (\sin x - \sin^2 x) \, dx = \left[-\cos x - \frac{x}{2} + \frac{1}{4} \sin 2x \right]_0^{\pi/2} = 1 - \frac{\pi}{4} \quad.$$

解く！

定積分を用いた面積の求め方に慣れるために，以下の (a)〜(c) を埋めよう.

◆幼少時代，自転車のスポークの間にボールを挟んで走ったことはないだろうか？　そのとき，ボールが描く軌跡がサイクロイドである（図 2.6 参照）．媒介変数 θ を用いると，サイクロイドは $x = a(\theta - \sin\theta)$，$y = a(1 - \cos\theta)$ と表される．ただし，$a > 0$ とする．サイクロイドの $0 \leqq \theta \leqq 2\pi$ の部分と x 軸に囲まれる図形の面積 S を求めよ．◆

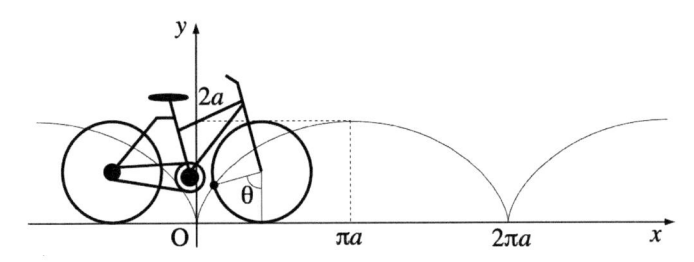

図 2.6 自転車の車輪上の定点の軌跡とサイクロイド

求める面積 S は

$$S = \int_0^{2\pi a} y\,dx = \int_0^{2\pi} y\frac{dx}{d\theta}\,d\theta = \int_0^{2\pi} a(1-\cos\theta)\boxed{(a)}\,d\theta \quad \left(\because\quad \frac{dx}{d\theta} = \boxed{(a)}\right)$$

$$= 4a^2 \int_0^{2\pi} \boxed{(b)}\,d\theta \quad \left(\because\quad \cos\theta = 1 - 2\sin^2\frac{\theta}{2}\right)$$

$$\overset{(2.24)}{=} 4a^2 \int_{-\pi}^{\pi} \boxed{(b)}\,d\theta \overset{(2.23)}{=} 8a^2 \int_0^{\pi} \boxed{(b)}\,d\theta \quad .$$

練習問題 2.3[3]（71 ページ）で求めた $\int_0^{\pi/2} \sin^n x\,dx$ の結果を用いると，$S = \boxed{(c)}$.

答え

(a)　$a(1-\cos\theta)$　　　　(b)　$\sin^4\dfrac{\theta}{2}$　　　　(c)　$3\pi a^2$

2.5.2　連続曲線の弧長

　媒介変数 t を用いて表された 2 つの関数 $f(t)$ および $g(t)$ が共に連続であるとき，曲線 $C : x = f(t),\ y = g(t)\,(\alpha \leqq t \leqq \beta)$ は連続曲線であるという．特に，関数 $f(t)$ および $g(t)$ が共に C^1 級のとき，曲線 C は滑らかであるという．

　曲線 $C : x = f(t),\ y = g(t)\quad(\alpha \leqq t \leqq \beta)$ が滑らかであるとき，曲線 C の弧長 ℓ は次式で表される．

$$\ell = \int_\alpha^\beta \sqrt{\left(\frac{dx}{dt}\right)^2 + \left(\frac{dy}{dt}\right)^2}\,dt \tag{2.33}$$

特に，関数 $f(x)$ を C^1 級とするとき，曲線 $C : y = f(x)\quad(a \leq x \leq b)$ の弧長 ℓ は次式で表される．

$$\ell = \int_a^b \sqrt{1 + \left(\frac{dy}{dx}\right)^2}\,dx \tag{2.34}$$

例 2.16

　曲線：$x = t^2,\ y = (1-t)^2\,(0 \leqq t \leqq 1)$ の弧長 ℓ を求めよ．

解

$\left(\dfrac{dx}{dt}\right)^2 + \left(\dfrac{dy}{dt}\right)^2 = 4(2t^2 - 2t + 1)$ より求める弧長 ℓ は

$$\ell = 2\sqrt{2}\int_0^1 \sqrt{\left(t - \frac{1}{2}\right)^2 + \frac{1}{4}}\,dt$$

$$\overset{(2.6)}{=} \sqrt{2}\left[\left(t - \frac{1}{2}\right)\sqrt{t^2 - t + \frac{1}{2}} + \frac{1}{4}\log\left|t - \frac{1}{2} + \sqrt{t^2 - t + \frac{1}{2}}\right|\right]_0^1$$

$$= 1 + \frac{\sqrt{2}}{4}\log\frac{\sqrt{2}+1}{\sqrt{2}-1}$$

解く！

曲線の弧長の計算に慣れるために，以下の (a)～(f) を埋めよう．

◆**サイクロイド**：$x = a(\theta - \sin\theta),\ y = a(1 - \cos\theta)\ (0 \leqq \theta \leqq 2\pi)$ の弧長 ℓ を求めよ．ただし，$a > 0$ とする．◆

$\dfrac{dx}{d\theta} = \boxed{\text{(a)}},\ \dfrac{dy}{d\theta} = \boxed{\text{(b)}}$ であるから，

$$\sqrt{\left(\frac{dx}{d\theta}\right)^2 + \left(\frac{dy}{d\theta}\right)^2} = a\sqrt{\boxed{\text{(c)}}} = 2a\,\boxed{\text{(d)}}.$$

よって，求める弧長 ℓ は

$$\ell = 2a\int_0^{2\pi}\boxed{\text{(d)}}\,d\theta = 2a\left[\,\boxed{\text{(e)}}\,\right]_0^{2\pi} = \boxed{\text{(f)}}$$

答え

(a)　$a(1 - \cos\theta)$　　　(b)　$a\sin\theta$　　　(c)　$2(1 - \cos\theta)$　　　(d)　$\sin\dfrac{\theta}{2}$

(e)　$-2\cos\dfrac{\theta}{2}$　　　(f)　$8a$

　通常，xy 平面上にある任意点 P の位置は x 座標と y 座標の組 (x, y) で表される．このとき，(x, y) のことをデカルト座標またはカーテシアン座標という．しかしながら，平面上の点 P を表現する方法は他にもある．

　$\overrightarrow{\mathrm{OP}}$ の長さを r，$\overrightarrow{\mathrm{OP}}$ と x 軸の正の向きとのなす角を $\theta\ (0 \leqq \theta < 2\pi)$ とする．このとき，r と θ の組 (r, θ) は xy 平面上にただ一つの点を定め，逆に，原点 O を除く xy 平面上の任意点は (r, θ) を用いて一意的に表すことができる．この (r, θ) を極座標という．

　曲線が極座標を用いて $r = f(\theta)\ (\theta_1 \leqq \theta \leqq \theta_2)$ と表されているとき，関数 $f(\theta)$ が C^1 級ならば，この曲線の弧長 ℓ は次式で表される．

$$\ell = \int_{\theta_1}^{\theta_2}\sqrt{\left(\frac{dr}{d\theta}\right)^2 + r^2}\,d\theta \tag{2.35}$$

例 2.17

対数うずまき線：$r = e^{\theta}$ ($0 \leqq \theta \leqq 4\pi$) の弧長 ℓ を求めよ.

解

$\sqrt{\left(\dfrac{dr}{d\theta}\right)^2 + r^2} = \sqrt{2}\, e^{\theta}$ より，求める弧長 ℓ は，

$$\ell = \sqrt{2} \int_0^{4\pi} e^{\theta} d\theta = \sqrt{2}(e^{4\pi} - 1)$$

解く！

極座標を用いて表された曲線 $r = f(\theta)$ の弧長の計算に慣れるために，以下の (a)〜(f) を埋めよう.

◆曲線 C が極座標を用いて $r = a(1 + \cos\theta)$ ($0 \leqq \theta \leqq 2\pi$) と表されているとき，曲線 C の弧長 ℓ を求めよ. ただし，$a > 0$ とする. 曲線 C はカージオイド (心臓形) と呼ばれる. ◆

$$\sqrt{\left(\frac{dr}{d\theta}\right)^2 + r^2} = \sqrt{\boxed{\text{(a)}} + \boxed{\text{(b)}}} = 2a\boxed{\text{(c)}} \ \text{より，求める弧長} \ \ell \ \text{は}$$

$$\ell = 2a \int_0^{2\pi} \boxed{\text{(c)}}\, d\theta = 2a \left(\int_0^{\pi} \boxed{\text{(d)}}\, d\theta - \int_{\pi}^{2\pi} \boxed{\text{(d)}}\, d\theta \right)$$

$$= 2a \left(\left[\boxed{\text{(e)}} \right]_0^{\pi} - \left[\boxed{\text{(e)}} \right]_{\pi}^{2\pi} \right) = \boxed{\text{(f)}}$$

答え

(a) $\quad a^2 \sin^2\theta$ (b) $\quad a^2(1 + \cos\theta)^2$ (c) $\quad \left| \cos\dfrac{\theta}{2} \right|$ (d) $\quad \cos\dfrac{\theta}{2}$

(e) $\quad 2\sin\dfrac{\theta}{2}$ (f) $\quad 8a$

2.5.3 立体の体積と表面積

空間内の立体を x 軸に垂直な平面 $x = t$ で切ったときの断面積を $S(t)$ とすると (図2.7 参照)，この立体の $a \leqq x \leqq b$ の部分体積 V は次式で表される.

$$V = \int_a^b S(x) dx$$

区間 $[a, b]$ で定義された関数 $y = f(x)(\geqq 0)$ と 2 直線 $x = a$，$x = b$ と x 軸によって囲まれる平面図形を x 軸のまわりに 1 回転させてできる立体の体積 V と表面積 S は次式で表される[6].

$$V = \pi \int_a^b \{f(x)\}^2\, dx \tag{2.36}$$

6　表面積 S には，立体を平面 $x = a$ で切ったときの断面積 $S(a)$ と平面 $x = b$ で切ったときの断面積 $S(b)$ を含めないものとする.

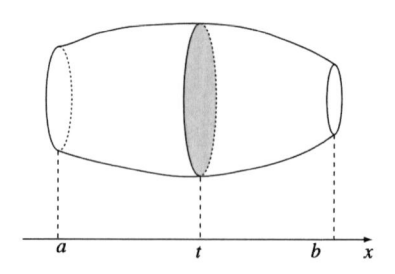

図 2.7 立体を x 軸に垂直な平面 $x = t$ で切った断面積

$$S = 2\pi \int_a^b f(x)\sqrt{1 + \{f'(x)\}^2}\, dx \tag{2.37}$$

例 2.18

曲線 $y = 2\sqrt{x}$ と直線 $x = 3$ と x 軸によって囲まれる平面図形を x 軸のまわりに 1 回転させてできる立体の体積 V と表面積 S を求めよ.

解

$$V = \pi \int_0^3 \left(2\sqrt{x}\right)^2 dx = 4\pi \int_0^3 x\, dx = 18\pi$$

$$S = 2\pi \int_0^3 2\sqrt{x}\sqrt{1 + \left(\frac{1}{\sqrt{x}}\right)^2}\, dx = 4\pi \int_0^3 \sqrt{x+1}\, dx = 4\pi \left[\frac{2}{3}(x+1)^{3/2}\right]_0^3 = \frac{56}{3}\pi$$

解く！

回転体の体積と表面積を求める計算に慣れるために，以下の (1)(a)〜(b)，(2)(a)〜(d)，(3)(a)〜(d) を埋めよう.

◆ サイクロイド：$x = a(\theta - \sin\theta)$, $y = a(1 - \cos\theta)$ $(0 \le \theta \le 2\pi)$ と x 軸に囲まれる平面図形を x 軸のまわりに 1 回転させてできる立体について，次の問いに答えよ. ただし，$a > 0$ とする.

(1) $\dfrac{dx}{d\theta}$, $\dfrac{dy}{d\theta}$ を求めよ.

(2) 立体の体積 V を求めよ.

(3) 立体の表面積 S を求めよ. ◆

(1) $\dfrac{dx}{d\theta} = \boxed{\text{(a)}}$, $\dfrac{dy}{d\theta} = \boxed{\text{(b)}}$

(2)

$$V = \pi \int_0^{2\pi} y^2 \frac{dx}{d\theta}\, d\theta = \pi a^3 \int_0^{2\pi} \boxed{\text{(a)}}\, d\theta$$

$$= 8\pi a^3 \int_0^{2\pi} \boxed{\text{(b)}}\, d\theta \quad \left(\because \quad 2\sin^2\frac{\theta}{2} = 1 - \cos\theta\right)$$

$$= 8\pi a^3 \int_0^\pi \boxed{\text{(c)}}\, dt \quad \left(\because \quad t = \frac{\theta}{2} \text{で置換積分} \right)$$

$$= \boxed{\text{(d)}} \quad (\because \quad \text{練習問題 2.3[3] (71ページ)})$$

(3)

$$S = 2\pi \int_0^{2\pi} y \sqrt{1 + \left(\frac{dy}{dx}\right)^2}\, \frac{dx}{d\theta}\, d\theta = 2\pi \int_0^{2\pi} y \sqrt{\left(\frac{dx}{d\theta}\right)^2 + \left(\frac{dy}{d\theta}\right)^2}\, d\theta \quad \left(\because \quad \frac{dy}{dx} = \frac{dy}{d\theta} \Big/ \frac{dx}{d\theta} \right)$$

一方, $\sqrt{\left(\dfrac{dx}{d\theta}\right)^2 + \left(\dfrac{dy}{d\theta}\right)^2} = \boxed{\text{(a)}}$.

$$\therefore \quad S = 8\pi a^2 \int_0^{2\pi} \boxed{\text{(b)}}\, d\theta \quad (\text{(b) は 1 項であり,三角関数のべき乗よりなる})$$

$$= 8\pi a^2 \int_0^\pi \boxed{\text{(c)}}\, dt \quad \left(\because \quad t = \frac{\theta}{2} \text{で置換積分} \right)$$

$$= \boxed{\text{(d)}} \quad (\because \quad \text{練習問題 2.3[3] (71ページ)})$$

答え

(1) (a) $a(1 - \cos\theta)$ (b) $a\sin\theta$

(2) (a) $(1 - \cos\theta)^3$ (b) $\sin^6 \dfrac{\theta}{2}$ (c) $2\sin^6 t$ (d) $5\pi^2 a^3$

(3) (a) $2a\sin \dfrac{\theta}{2}$ (b) $\sin^3 \dfrac{\theta}{2}$ (c) $2\sin^3 t$ (d) $\dfrac{64}{3}\pi a^2$

練習問題 2.5

[1] 曲線 $C : x = a\cos^3\theta,\ y = a\sin^3\theta\ (0 \leqq \theta \leqq 2\pi)$ について[7],次の問いに答えよ.ただし,$a > 0$ とする.

(1) 曲線 C によって囲まれる図形の面積 S を求めよ.

(2) 曲線 C の弧長 ℓ を求めよ.

[2] うずまき線:$r = a\theta\ (0 \leqq \theta \leqq 4\pi)$ の弧長 ℓ を求めよ.ただし,$a > 0$ とする.

[3] 曲線 $y = x^2 + 1$ と 2 直線 $x = -1,\ x = 1$ と x 軸によって囲まれる平面図形を x 軸のまわりに 1 回転させてできる立体の体積 V を求めよ.

[4] 曲線 $C : x = a\cos\theta,\ y = b\sin\theta\ (0 \leqq \theta \leqq \pi)$ と x 軸で囲まれる平面図形を x 軸のまわりに 1 回転させてできる立体について,次の問いに答えよ.ただし,$0 < a < b$ とする.

(1) 立体の体積 V を求めよ. (2) 立体の表面積 S を求めよ.

---

7 この曲線をアステロイドという.

Coffee Break　　コンピュータによる広義積分

　本章では，定積分を計算するのに，原始関数を求めた後，微積分学の基本定理を適用した．しかしながら，工学や自然科学では，積分可能であるにもかかわらず，原始関数が求まらないため定積分が求められないことがしばしば生じる．この問題を解決するため，コンピュータで近似的に定積分を求める手法が用いられている．この手法を数値積分という．

　2 点 $(a, f(a))$，点 $(b, f(b))$ を通る直線と 2 直線 $x = a$，$x = b$ および x 軸に囲まれた部分は台形を表す．この台形の面積で定積分 $I = \displaystyle\int_a^b f(x)dx$ を近似する数値積分を台形公式という．しかしながら，台形公式はあまりにも大胆な近似公式であるため，大きな誤差を含む．そこで，$a = x_0 < x_1 < x_2 < \cdots < x_{n-1} < x_n = b$ を満たす $x_0, x_1, \ldots, x_n$ によって区間 $[a, b]$ を n 個の小区間 $[x_0, x_1], [x_1, x_2], \ldots, [x_{n-1}, x_n]$ に分割し，各々の小区間において台形公式を適用すると，

$$I \approx \frac{1}{2} \sum_{k=1}^n (x_k - x_{k-1})\{f(x_{k-1}) + f(x_k)\} \tag{2.38}$$

が得られる．式 (2.38) を複合台形公式という．式 (2.38) の n に十分大きな値を設定すると，定積分 I の高精度な近似値を期待できる．それでは，広義積分に対する数値積分はどのようになるのだろうか？

　被積分関数を $f(x) = (1 + x)^{-1/2}(1 - x)^{-1/2}$ とする次の定積分を考えよう．

$$I = \int_{-1}^1 f(x)dx \tag{2.39}$$

関数 $f(x)$ は $x = \pm 1$ で発散しているため（図 2.8(a) 参照），このままでは台形公式を適用できない．そこで，2 重指数関数型変換：

$$x = \phi(t) = \tanh\left(\frac{\pi}{2}\sinh t\right)$$

を用いて置換積分を行うと，式 (2.39) は次のようになる．

$$I = \int_{-\infty}^\infty F(t)dt \tag{2.40}$$

ただし，被積分関数は，

$$F(t) = f\left(\tanh\left(\frac{\pi}{2}\sinh t\right)\right) \frac{\frac{\pi}{2}\cosh t}{\cosh^2\left(\frac{\pi}{2}\sinh t\right)}$$

となる．式 (2.40) の被積分関数 $F(t)$ のグラフを図 2.8(b) に示す．同図より分かるように，$|t|$ の増加と共に被積分関数 $F(t)$ は急速に減衰し，$|t| > 3$ では $F(t)$ の値はほとんど零になっている．それゆえ，式 (2.40) の右辺の数値積分を行う場合，積分区間を有限な区間に置き換えても高精度な近似値を期待できるのである．この有限区間上の定積分に複合台形公式を適用して得られる数値積分公式を 2 重指数関数型積分公式と呼ぶ．

　実際に，式 (2.39) の厳密な値は $I = \pi$ であるが，t の区間 $[-3, 3]$ を 10 等分して，2 重指数型公式を適用すると，I の近似値として $I \approx 3.141594\cdots$ が得られる．すなわち，わずか 11 個の点での関数 $F(t)$ の値しか使っていないにもかかわらず，有効数字 6 桁もの精度が得られているのである．

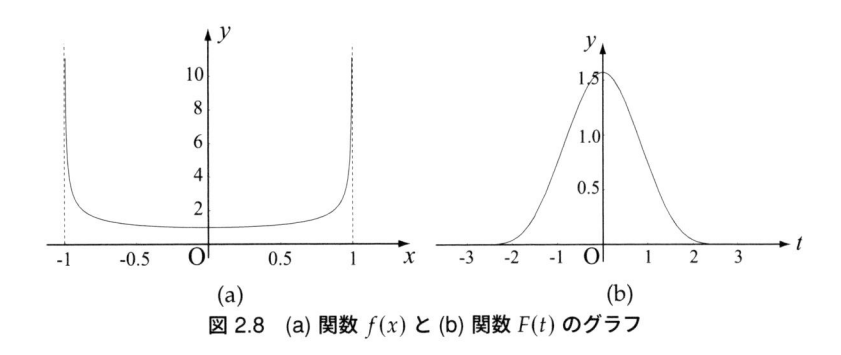

図 2.8 (a) 関数 $f(x)$ と (b) 関数 $F(t)$ のグラフ

第3章

多変数関数の微分法

第1章では1変数関数 $f(x)$ の微分係数や導関数の概念と計算方法および微分の性質を考えた. 本章ではこれを多変数関数に拡張し, 多変数関数における微分の考え方や性質を理解することを目的とする. なお, 理解しやすいように, 本章では2変数関数 $f(x, y)$ を対象として微分の計算や性質を記述するが, 2変数関数の微分の考え方のほとんどは3変数以上の関数にも適用でき, 拡張は比較的容易である.

3.1　曲面の段差は不連続のあかし——2 変数関数の連続性

3.1.1　2 変数関数とグラフ

2 つの実数の組 (x, y) は xy 平面上の点 $\mathrm{P}(x, y)$ と 1 対 1 に対応する．それゆえ，(x, y) と点 P を同一視すれば，集合 $\boldsymbol{R}^2 = \{(x, y) \mid x \in \boldsymbol{R}, y \in \boldsymbol{R}\}$ は xy 平面を表すことになる．この意味から，集合 $\boldsymbol{R}^2$ の元 (x, y) を点 (x, y) と呼ぶ．

$\boldsymbol{R}^2$ の部分集合 A に属する (x, y) に対して 1 つの実数が対応付けられているとき，この対応 f を A から $\boldsymbol{R}$ への 2 変数関数と呼び，

$$f : A \to \boldsymbol{R}$$

と書く．特に，f によって $(x, y) \in A$ が 実数 z に対応付けられているとき，$z = f(x, y)$ と表す．

2 変数関数 $f(x, y)$ が与えられると，集合 $\Gamma \equiv \{(x, y, z) | z = f(x, y), (x, y) \in A\}$ は一般に 3 次元空間内に曲面をなす．Γ を 2 変数関数 $f(x, y)$ のグラフという．図 3.1(a)，(b) に 2 変数関数 $f(x, y)$ のグラフを示す．なお，図 3.1(a) と (b) に示された曲面はそれぞれ楕円放物面，双曲放物面と呼ばれる．

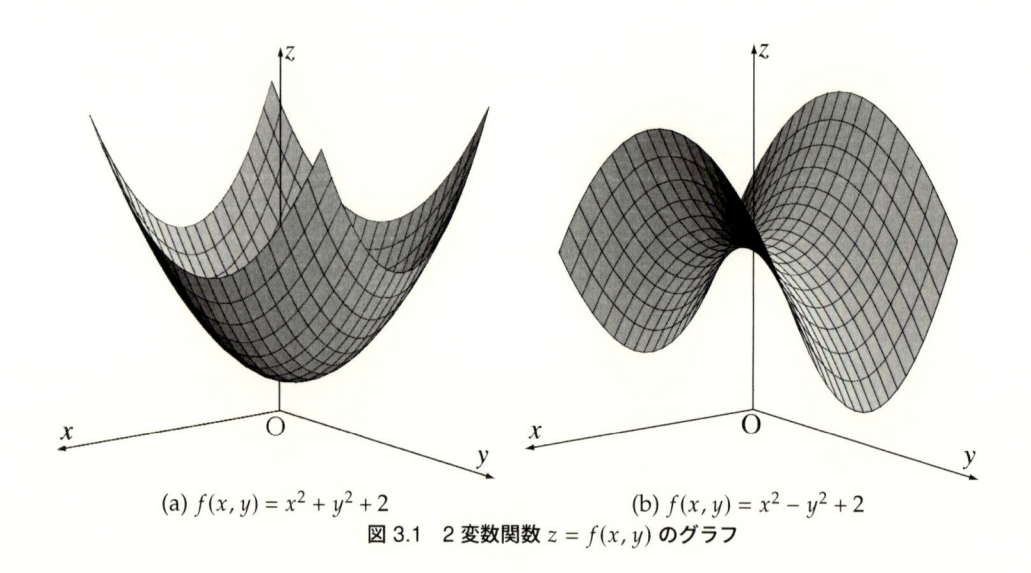

(a) $f(x, y) = x^2 + y^2 + 2$　　　(b) $f(x, y) = x^2 - y^2 + 2$

図 3.1　2 変数関数 $z = f(x, y)$ のグラフ

3.1.2　2 変数関数が連続とは？

点 (x, y) をどのような方向から (a, b) に近づけても，2 変数関数 $f(x, y)$ が一定値 c に近づくことを

$$\lim_{(x,y) \to (a,b)} f(x, y) = c \quad \text{または} \quad f(x, y) \to c \quad ((x, y) \to (a, b))$$

と表し，$(x, y) \to (a, b)$ のとき $f(x, y)$ は c に収束するという．また，c を $(x, y) \to (a, b)$ のと

きの $f(x, y)$ の極限値という．ただし，点 (x, y) を (a, b) に近づける経路は 1 つではなく，さまざまな方向からの近づき方がある．これが 1 変数関数の極限値との大きな違いである．

$(x, y) \to (a, b)$ のとき関数 $f(x, y)$ が一定値に収束し，かつ，その値が $f(a, b)$ に等しいとき，つまり，

$$\lim_{(x,y)\to(a,b)} f(x, y) = f(a, b)$$

が成り立つとき，関数 $f(x, y)$ は点 (a, b) で連続であるという．特に，関数 $f(x, y)$ が集合 A に属するすべての点で連続になるとき，$f(x, y)$ は A で連続であるという．

連続でない関数の例として，2 変数関数

$$f(x, y) = \begin{cases} \dfrac{1}{2}\left\{\cos(\pi\sqrt{x^2 + y^2}) + 1\right\} & (x < 0 \text{ かつ } x^2 + y^2 < 1) \\ 0 & \text{（それ以外）} \end{cases}$$

を調べよう．関数 $f(x, y)$ は xy 平面上の 2 つの領域で別々に定義され，各々の領域内では連続である．それゆえ，2 つの領域の境界 $C = \{(x, y) \mid x = 0\,(|y| < 1) \text{ または } x^2 + y^2 = 1\,(x \le 0)\}$ 上の連続性だけを調べればよい．まず，境界 C 上にある原点 O での連続性を調べよう．x 軸に沿って負の方向から点 (x, y) を原点に近づけると

$$\lim_{x\to-0} f(x, 0) = \lim_{x\to-0} \frac{1}{2}(\cos \pi x + 1) = 1$$

である．これに対して，x 軸に沿って正の方向から点 (x, y) を原点に近づけると

$$\lim_{x\to+0} f(x, 0) = \lim_{x\to+0} 0 = 0$$

である．

$$\therefore \quad \lim_{x\to-0} f(x, 0) \neq \lim_{x\to+0} f(x, 0)$$

したがって，極限値 $\displaystyle\lim_{(x,y)\to(0,0)} f(x, y)$ は存在しないから，関数 $f(x, y)$ は原点で不連続である．関数 $f(x, y)$ のグラフを図 3.2 に示す．

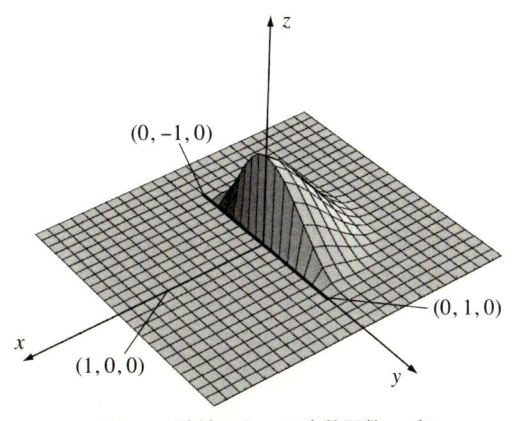

図 3.2 連続でない 2 変数関数のグラフ

同図より，線分 $x = 0 (|y| < 1)$（太線部）上の任意点でも，関数 $f(x, y)$ が連続でないことが確認できる．次に，半円 $C_1 : x^2 + y^2 = 1 \, (x \leqq 0)$ 上の任意点 (a, b) での関数 $f(x, y)$ の連続性を調べよう．明らかに極限値 $\displaystyle\lim_{(x,y) \to (a,b)} f(x, y) = 0$ が存在し，かつ，$f(a, b) = 0$ である．

$$\therefore \quad \lim_{(x,y) \to (a,b)} f(x, y) = f(a, b)$$

したがって，関数 $f(x, y)$ は半円 C_1 上の任意点で連続である．

例 3.1

次の関数の連続性を調べよ．

$$f(x, y) = \begin{cases} \dfrac{\sin(x^2 + y^2)}{x^2 + y^2} & (x, y) \neq (0, 0) \\ 1 & (x, y) = (0, 0) \end{cases}$$

解

2 変数関数 $f(x, y)$ は $(x, y) \neq (0, 0)$ で連続であるから，原点での連続性だけを調べればよい．$r = \sqrt{x^2 + y^2}$ とおくと，$(x, y) \to (0, 0) \Longleftrightarrow r \to 0$. また，$(x, y) \neq (0, 0)$ のとき，

$$f(x, y) = \frac{\sin r^2}{r^2}$$

が成り立つから，

$$\lim_{(x,y) \to (0,0)} f(x, y) = \lim_{r \to 0} \frac{\sin r^2}{r^2} = 1.$$

$$\therefore \quad \lim_{(x,y) \to (0,0)} f(x, y) = f(0, 0)$$

したがって，2 変数関数 $f(x, y)$ は原点 $(0, 0)$ で連続である．

解く！

2 変数関数の連続性を理解するために，以下の (a)〜(e) を埋めよう．

◆ 次の関数の連続性を調べよ．

$$f(x, y) = \begin{cases} -\dfrac{y}{\sqrt{x^2 + y^2}} & (x, y) \neq (0, 0) \\ 0 & (x, y) = (0, 0) \end{cases} \qquad \blacklozenge$$

$f(x, y)$ は $(x, y) \neq (0, 0)$ で連続であるから，原点での連続性だけを調べればよい．

$x = r \cos\theta, y = r \sin\theta$ とおくと，$(x, y) \to (0, 0) \Longleftrightarrow r \to \boxed{\text{(a)}}$. また，$(x, y) \neq (0, 0)$ のとき，$f(x, y)$ を r と θ で表すと，

$$f(x, \, y) = \boxed{\text{(b)}}.$$

上式より明らかなように，(x, y) を $(0,0)$ に近づけるとき，θ によって $f(x, y)$ の値が $\boxed{\text{(c)}}$．ゆえに，$\displaystyle\lim_{(x,y)\to(0,0)} f(x, y)$ は $\boxed{\text{(d)}}$．したがって，関数 $f(x, y)$ は原点で $\boxed{\text{(e)}}$ である．

関数 $f(x, y)$ のグラフを図 3.3 に示す．同図からも分かるように，点 (x, y) を原点に近づけるとき，その近づけ方によって $f(x, y)$ は異なる値に近づく．

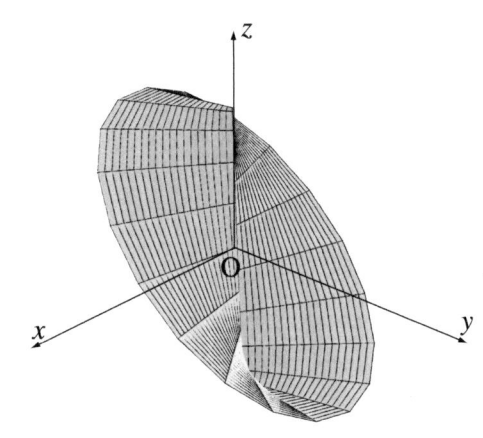

図 3.3 $f(x, y) = \begin{cases} -\dfrac{y}{\sqrt{x^2 + y^2}} & (x, y) \neq (0,0) \\ 0 & (x, y) = (0,0) \end{cases}$ のグラフ

答え

  (a)   0   (b) $-\sin\theta$ (c)   変わる   (d)   存在しない   (e)   不連続

練習問題 3.1

次の関数の連続性を調べよ．

(1) $f(x, y) = \begin{cases} \dfrac{x^2 - y^2}{\sqrt{x^2 + y^2}} & (x, y) \neq (0,0) \\ 0 & (x, y) = (0,0) \end{cases}$

(2) $f(x, y) = \begin{cases} \dfrac{xy}{x^2 + y^2} & (x, y) \neq (0,0) \\ 0 & (x, y) = (0,0) \end{cases}$

3.2 1つの変数に着目して微分する——偏微分

3.2.1 偏微分係数と偏導関数

2 変数関数 $f(x, y)$ は xy 平面で定義されるが，変数 y を定数とみなせば $f(x, y)$ は x を変数とする 1 変数関数であり，$f(x, y)$ の x に関する微分を考えることができる．微分の定義に従い，点 (a, b) における極限

$$f_x(a, b) \equiv \lim_{h \to 0} \frac{f(a + h, b) - f(a, b)}{h} \tag{3.1}$$

を考えよう．この極限が存在するとき，関数 $f(x, y)$ は点 (a, b) で x に関して偏微分可能であるといい，極限値 $f_x(a, b)$ を点 (a, b) における x に関する偏微分係数という．

同様に，点 (a, b) において極限

$$f_y(a, b) \equiv \lim_{h \to 0} \frac{f(a, b + h) - f(a, b)}{h} \tag{3.2}$$

が存在すれば $f(x, y)$ は y に関して偏微分可能であるといい，極限値 $f_y(a, b)$ を点 (a, b) における y に関する偏微分係数という．関数 $f(x, y)$ が点 (a, b) で x, y のいずれに関しても偏微分可能であるとき，点 (a, b) で偏微分可能であるという．

関数 $z = f(x, y)$ が点 (x, y) で偏微分可能であるとき，点 (x, y) を偏微分係数 $f_x(x, y)$ に対応付けてできる関数を x に関する偏導関数といい，$f_x, \frac{\partial z}{\partial x}, \frac{\partial f}{\partial x}, \frac{\partial}{\partial x} f$ で表す．同様に，y に関する偏導関数も定義でき，$f_y, \frac{\partial z}{\partial y}, \frac{\partial f}{\partial y}, \frac{\partial}{\partial y} f$ で表される．また，関数 $f(x, y)$ から偏導関数 f_x, f_y を求めることを $f(x, y)$ を x あるいは y に関して偏微分するという．

例 3.2

関数 $f(x, y) = \sqrt{x^2 + y^2}$ について，$f_x(0, 0), f_y(0, 0)$ を求めよ．

解

$$f_x(0, 0) \overset{(3.1)}{=} \lim_{h \to 0} \frac{f(h, 0) - f(0, 0)}{h} = \lim_{h \to 0} \frac{|h|}{h}, \quad f_y(0, 0) \overset{(3.2)}{=} \lim_{h \to 0} \frac{f(0, h) - f(0, 0)}{h} = \lim_{h \to 0} \frac{|h|}{h}. \quad \text{一方,}$$

$\lim_{h \to +0} \frac{|h|}{h} = 1, \lim_{h \to -0} \frac{|h|}{h} = -1$ より $\lim_{h \to +0} \frac{|h|}{h} \neq \lim_{h \to -0} \frac{|h|}{h}.$

ゆえに，$f_x(0, 0), f_y(0, 0)$ は存在しない．

解く！

2 変数関数の偏微分可能性を理解するために，以下の (a)〜(d) を埋めよう．

◆関数 $f(x, y) = \sqrt{|xy|}$ について，$f_x(0, 0), f_y(0, 0)$ を求めよ．◆

$f(h, 0) = \boxed{\text{(a)}}, f(0, h) = \boxed{\text{(b)}}$ であるから，

$$f_x(0, 0) \overset{(3.1)}{=} \lim_{h \to 0} \frac{f(h, 0) - f(0, 0)}{h} = \boxed{\text{(c)}},$$

$$f_y(0, 0) \overset{(3.2)}{=} \lim_{h \to 0} \frac{f(0, h) - f(0, 0)}{h} = \boxed{\text{(d)}}.$$

答え

(a)　0　　　　(b)　0　　　　(c)　0　　　　(d)　0

例 3.3

次の関数の偏導関数を求めよ．

(1)　$f(x, y) = y \sin xy$　　　(2)　$f(x, y) = e^{\frac{x}{y}}$

解

(1) y を定数とみなして x で微分すれば，$f_x = y^2 \cos xy$. 同様に，x を定数とみなして y で微分すれば，積の微分の公式（27ページ）より，$f_y = \sin xy + xy \cos xy$.

(2) y を定数とみなして x で微分すれば，合成関数の微分法 (1.22) より，

$$f_x = \frac{1}{y} e^{\frac{x}{y}}.$$

同様に，x を定数とみなして y で微分すると

$$f_y = -\frac{x}{y^2} e^{\frac{x}{y}}.$$

解く！

偏導関数の計算に慣れるために，以下の (1)(a)〜(b), (2)(a)〜(b) を埋めよう．

◆次の関数の偏導関数を求めよ．

(1) $f(x,y) = y^2 e^{xy}$ (2) $f(x,y) = \sqrt{x^2 + 4y^2}$ ◆

(1) y を定数とみなして x で微分すれば，$f_x =$ [(a)]．同様に，x を定数とみなして y で微分すれば，積の微分の公式より，$f_y =$ [(b)]．

(2) y を定数とみなして x で微分すれば，1変数関数の合成関数の微分の公式より $f_x =$ [(a)]．同様に x を定数とみなして y で微分すれば，合成関数の微分の公式より $f_y =$ [(b)]．

答え

(1) (a) $y^3 e^{xy}$ (b) $2ye^{xy} + xy^2 e^{xy}$

(2) (a) $\dfrac{x}{\sqrt{x^2 + 4y^2}}$ (b) $\dfrac{4y}{\sqrt{x^2 + 4y^2}}$

3.2.2 方向微分

式 (3.1) および式 (3.2) で定義した偏微分係数 $f_x(a,b)$, $f_y(a,b)$ の幾何学的な意味をまとめよう．まず，$y = b$ に固定することにより，x の関数 $f(x,b)$ を考える．このとき，関数 $z = f(x,b)$ のグラフは平面 $y = b$ 上の曲線 C_y を表している（図 3.5(a) 参照）．したがって，偏微分係数 $f_x(a,b)$ は曲線 C_y 上の点 $(a,b,f(a,b))$ における接線の傾きであるといえる．同様に，平面 $x = a$ 上の曲線 $C_x : z = f(a,y)$ を考えれば，偏微分係数 $f_y(a,b)$ は曲線 C_x 上の点 $(a,b,f(a,b))$ における接線の傾きであるといえる（図 3.5(b) 参照）．この考え方を一般化すると，任意の方向の微分係数を定義できる．

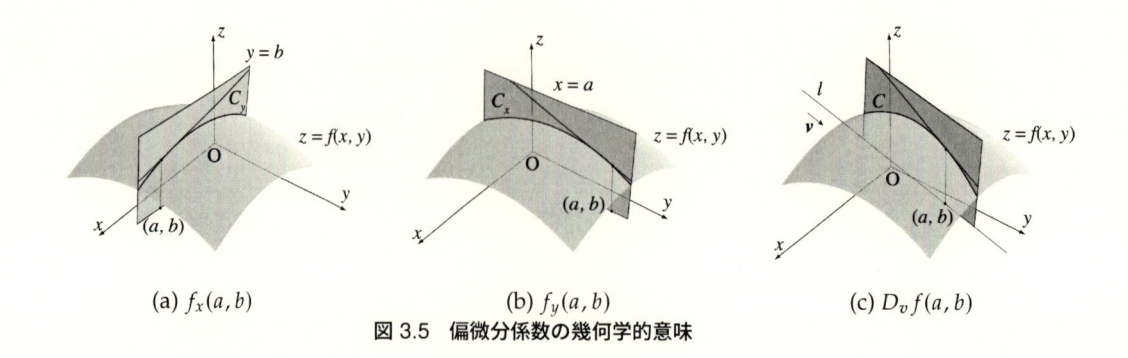

(a) $f_x(a, b)$　　　　　(b) $f_y(a, b)$　　　　　(c) $D_v f(a, b)$

図 3.5　偏微分係数の幾何学的意味

xy 平面内の直線 l が点 (a, b) を通り単位ベクトル $v = (\alpha, \beta)$ に平行であるとし, l を含み z 軸に平行な平面と曲面 $z = f(x, y)$ との交線を C とする (図 3.5(c) 参照). このとき, 曲線 C 上の点 $(a, b, f(a, b))$ における接線の傾きを関数 $f(x, y)$ の v 方向の微分係数あるいは方向微分係数といい, $D_v f(a, b)$ で表す. すなわち, 方向微分係数 $D_v f(a, b)$ は次式で定義される.

$$D_v f(a, b) \equiv \lim_{h \to 0} \frac{f(a + h\alpha, b + h\beta) - f(a, b)}{h}. \tag{3.3}$$

特に, $v = (1, 0), (0, 1)$ のとき, 方向微分係数 $D_v f(a, b)$ はそれぞれ $f_x(a, b), f_y(a, b)$ に一致する. また, 偏導関数 f_x と f_y が点 (a, b) で連続ならば, 方向微分係数 $D_v f(a, b)$ は $f_x(a, b)$ と $f_y(a, b)$ を用いて以下のように表すことができる.

公式

$$D_v f(a, b) = f_x(a, b)\alpha + f_y(a, b)\beta. \tag{3.4}$$

例 3.4

2 変数関数 $f(x, y) = x^2 + y^2$ と単位ベクトル $v = (\sqrt{2}/2, \sqrt{2}/2)$ について, 点 $(2, -1)$ における v 方向の微分係数 $D_v f(2, -1)$ を求めよ.

解

$f_x = 2x, f_y = 2y$ であるから, $f_x(2, -1) = 4, f_y(2, -1) = -2$.

$$\therefore \quad D_v f(2, -1) \overset{(3.4)}{=} 4 \cdot \frac{\sqrt{2}}{2} + (-2) \cdot \frac{\sqrt{2}}{2} = \sqrt{2}$$

解く！

方向微分の考え方に慣れるために, 以下の (a)〜(e) を埋めよう.

◆ 2 変数関数 $f(x, y) = \sin(2x + y)$ と単位ベクトル $v = (1/2, \sqrt{3}/2)$ について, 点 $(\pi, -\pi)$ における v 方向の微分係数 $D_v f(\pi, -\pi)$ を求めよ. ◆

$f_x = \boxed{\text{(a)}}$, $f_y = \boxed{\text{(b)}}$ であるから, $f_x(\pi, -\pi) = \boxed{\text{(c)}}$, $f_y(\pi, -\pi) = \boxed{\text{(d)}}$.

$\therefore \quad D_v f(\pi, -\pi) \overset{(3.4)}{=} \boxed{\text{(c)}} \cdot \dfrac{1}{2} + \boxed{\text{(d)}} \cdot \dfrac{\sqrt{3}}{2} = \boxed{\text{(e)}}$

答え

(a) $2\cos(2x + y)$ \qquad (b) $\cos(2x + y)$ \qquad (c) -2 \qquad (d) -1 \qquad (e) $-\dfrac{2+\sqrt{3}}{2}$

Coffee Break　接線が引けるのに接平面が作れない曲面とは？

関数 $f(x, y)$ が点 (a, b) で偏微分可能であることの幾何学的意味は,

(i) 曲面 $z = f(x, y)$ と平面 $x = a$ との交線 $z = f(a, y)$ に対して, $y = b$ に対応する点で接線を引くことができる.

(ii) 曲面 $z = f(x, y)$ と平面 $y = b$ との交線 $z = f(x, b)$ に対して, $x = a$ に対応する点で接線を引くことができる.

ということである. これに対して, 点 (a, b) において曲面 $S : z = f(x, y)$ に接する平面を作ることができるとき, 関数 $f(x, y)$ は点 (a, b) で全微分可能であるという. 幾何学的に考えると明らかなように, 関数 $f(x, y)$ が点 (a, b) で全微分可能ならば点 (a, b) で偏微分可能となる.

それでは, 偏微分可能であるが, 全微分不可能な関数は存在し得るのであろうか？ 答えは, Yes である. 関数 $f(x, y) = \sqrt{|xy|}$ は原点 O で偏微分可能であるが (92 ページの「解く！」を参照), 全微分可能ではない. 実際, 原点 O で関数 $f(x, y)$ が全微分可能であると仮定すると, $f_x(0,0) = f_y(0,0) = 0$ であるため, 原点 O における接平面は $z = 0$ となる. それゆえ, 任意の単位ベクトル $v = (\cos\theta, \sin\theta)$ に対して, v 方向の微分係数は $D_v f(0,0) = 0$ となるはずである. しかし,

$$D_v f(0,0) = \lim_{h \to 0} \frac{f(h\cos\theta, h\sin\theta) - f(0,0)}{h} = \sqrt{|\sin\theta\cos\theta|} \lim_{h \to 0} \frac{|h|}{h}$$

であるから, $D_v f(0,0)$ は存在しない. これは矛盾である. すなわち, 関数 $f(x, y)$ は原点 O で全微分可能ではない.

ここに挙げた関数 $f(x, y) = \sqrt{|xy|}$ のグラフを図 3.6 に示す. このグラフがなす曲面とほとんど同じ曲面をスポンジと 2 本の糸を使って作り出すことができる (図 3.7 参照).

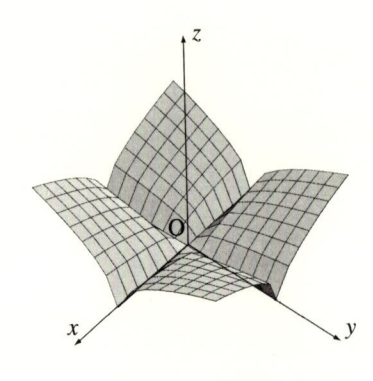
図 3.6　$f(x, y) = \sqrt{|xy|}$ のグラフ

図 3.7　2 本の糸で押したときにスポンジの表面が作る曲面

3.2.3　高次偏導関数

偏導関数 $\dfrac{\partial f}{\partial x}$ と $\dfrac{\partial f}{\partial y}$ がさらに偏微分可能であれば，$f(x, y)$ に対して次の 4 種類の偏導関数を考えることができる．

$$\frac{\partial}{\partial x}\left(\frac{\partial f}{\partial x}\right) = \frac{\partial^2 f}{\partial x^2} = f_{xx}, \quad \frac{\partial}{\partial y}\left(\frac{\partial f}{\partial x}\right) = \frac{\partial^2 f}{\partial y \partial x} = f_{xy},$$

$$\frac{\partial}{\partial x}\left(\frac{\partial f}{\partial y}\right) = \frac{\partial^2 f}{\partial x \partial y} = f_{yx}, \quad \frac{\partial}{\partial y}\left(\frac{\partial f}{\partial y}\right) = \frac{\partial^2 f}{\partial y^2} = f_{yy}.$$

上記の 4 種類を 2 変数関数 $f(x, y)$ の 2 次偏導関数または 2 階偏導関数という．さらに，2 次偏導関数が偏微分可能ならば 3 次導関数も考えられる．この操作を繰り返せば，自然数 n に対して n 次偏導関数または n 階偏導関数を定義できる．ちなみに，n 次偏導関数は 2^n 種類ある．

関数 $f(x, y)$ の n 次までのすべての偏導関数が連続であるとき，$f(x, y)$ は n 回連続微分可能である，または，$f(x)$ は C^n 級であるという．例えば，連続関数は C^0 級であり，すべての 1 次偏導関数が連続となる関数は C^1 級である．さらに，$f(x)$ が何回でも偏微分可能であり，かつ，すべての偏導関数が連続となるとき，$f(x)$ は C^∞ 級であるという．

3.2.4　偏微分の順序

2 次偏導関数のうち，f_{yx} と f_{xy} は偏微分の順序が異なるだけで，x, y に関して偏微分の演算を 1 回ずつ行うという意味では同じである．このように偏微分の順序のみが異なる場合，得られる偏導関数は全く同一であろうか？

定理
2 変数関数 $f(x, y)$ が C^2 級である $\implies f_{xy} = f_{yx}$

例 3.5

関数 $f(x, y) = e^{-x^2 - 2y^2}$ の 2 次偏導関数を求めよ．

解

1 次偏導関数は $f_x = -2xe^{-x^2-2y^2}$,　$f_y = -4ye^{-x^2-2y^2}$ である. さらに, f_x の偏導関数を計算すると

$$f_{xx} = (4x^2 - 2)e^{-x^2-2y^2},　f_{xy} = 8xye^{-x^2-2y^2}.$$

同様に, f_y の偏導関数を計算すると

$$f_{yx} = 8xye^{-x^2-2y^2},　f_{yy} = (16y^2 - 4)e^{-x^2-2y^2}.$$

この例の計算結果は f_{yx} と f_{xy} は共に連続関数であり, $f_{yx} = f_{xy}$ であることを示している. すなわち, 上記定理の結論が確認できるのである.

解く！

高次偏導関数の計算に慣れるために, 以下の (1)(a)〜(e), (2)(a)〜(e) を埋めよう.

◆次の 2 変数関数の 2 次偏導関数を求めよ.

(1)　$f(x, y) = x^2 e^y$　　　(2)　$f(x, y) = \sin(x^2 + y)$　◆

(1)　1 次偏導関数は $f_x = \boxed{\text{(a)}}$, $f_y = \boxed{\text{(b)}}$ である. したがって, 2 次偏導関数は

　　$\therefore$　$f_{xx} = \boxed{\text{(c)}}$,　$f_{xy} = f_{yx} = \boxed{\text{(d)}}$,　$f_{yy} = \boxed{\text{(e)}}$.

(2)　1 次偏導関数は $f_x = \boxed{\text{(a)}}$, $f_y = \boxed{\text{(b)}}$ である. したがって, 2 次偏導関数は

　　$\therefore$　$f_{xx} = \boxed{\text{(c)}}$,　$f_{xy} = f_{yx} = \boxed{\text{(d)}}$,　$f_{yy} = \boxed{\text{(e)}}$.

答え

(1)　(a)　$2xe^y$　　　(b)　x^2e^y　　　(c)　$2e^y$　　　(d)　$2xe^y$　　　(e)　x^2e^y

(2)　(a)　$2x\cos(x^2 + y)$　　　(b)　$\cos(x^2 + y)$　　　(c)　$2\cos(x^2 + y) - 4x^2\sin(x^2 + y)$

　　　(d)　$-2x\sin(x^2 + y)$　　　(e)　$-\sin(x^2 + y)$

練習問題 3.2

[1]　次の関数 $f(x, y)$ について, $f_x(0,0), f_y(0,0)$ を求めよ.

(1)　$f(x, y) = \begin{cases} \dfrac{x^2(x^2 - y^2)}{x^2 + y^2} & (x, y) \neq (0, 0) \\ 0 & (x, y) = (0, 0) \end{cases}$

(2)　$f(x, y) = \begin{cases} (x + y)\sin\dfrac{1}{\sqrt{x^2 + y^2}} & (x, y) \neq (0, 0) \\ 0 & (x, y) = (0, 0) \end{cases}$

[2]　次の 2 変数関数の偏導関数 f_x, f_y を求めよ.

(1)　$f(x, y) = e^{-xy^2}$　　　(2)　$f(x, y) = y^2 \mathrm{Arctan}\, 2xy$

(3)　　$f(x, y) = \log \sqrt{x^2 + y^2}$　　　　(4)　　$f(x, y) = x^y y^x$　　$(x > 0, y > 0)$

[3]　次の 2 変数関数の 2 次偏導関数を求めよ.

(1)　　$f(x, y) = \sin x^2 y$　　　　(2)　　$f(x, y) = \text{Arcsin}\dfrac{x}{y}$　　$(y > 0)$

[4]　　2 変数関数 $f(x, y) = x^2 \cos xy$ と単位ベクトル $v = (\cos\theta, \sin\theta)$ について, 点 $(1, \frac{\pi}{4})$ における v 方向の微分係数 $D_v f(1, \frac{\pi}{4})$ を求めよ.

3.3　変数の受け渡し——合成関数の偏微分

3.3.1　合成関数の公式

2 変数関数 $z = f(x, y)$ が C^1 級であり, $x = x(u, v)$, $y = y(u, v)$ が共に C^1 級であるとき, z を u と v の関数 $z = f(x(u, v), y(u, v))$ とみなすことができる. このとき, z の u と v に関する偏導関数 $\frac{\partial z}{\partial u}$, $\frac{\partial z}{\partial v}$ は次式で計算できる.

公式

$$\frac{\partial z}{\partial u} = \frac{\partial z}{\partial x}\frac{\partial x}{\partial u} + \frac{\partial z}{\partial y}\frac{\partial y}{\partial u}, \tag{3.5}$$

$$\frac{\partial z}{\partial v} = \frac{\partial z}{\partial x}\frac{\partial x}{\partial v} + \frac{\partial z}{\partial y}\frac{\partial y}{\partial v}. \tag{3.6}$$

特に, x と y が変数 t だけの関数 $x = x(t)$, $y = y(t)$ として表される場合, 2 変数関数 $z = f(x, y)$ は t の 1 変数関数 $z = f(x(t), y(t))$ とみなすことができる. このとき, $x(t)$, $y(t)$ が共に C^1 級であれば, z の t に関する導関数は次式で計算できる.

公式

$$\frac{dz}{dt} = \frac{\partial z}{\partial x}\frac{dx}{dt} + \frac{\partial z}{\partial y}\frac{dy}{dt}. \tag{3.7}$$

例 3.6

$x = uv$, $y = u + v$ のとき, 2 変数関数 $z = e^{\tan x \cos y}$ の u, v に関する偏導関数を求めよ.

解
まず, z の x, y に関する偏導関数は,

$$\frac{\partial z}{\partial x} = \sec^2 x \cos y \, e^{\tan x \cos y}, \quad \frac{\partial z}{\partial y} = -\tan x \sin y \, e^{\tan x \cos y}.$$

次に, x, y の u, v に関する偏導関数は

$$\frac{\partial x}{\partial u} = v, \quad \frac{\partial x}{\partial v} = u, \quad \frac{\partial y}{\partial u} = 1, \quad \frac{\partial y}{\partial v} = 1.$$

したがって，合成関数の偏微分の公式より，

$$\frac{\partial z}{\partial u} \overset{(3.5)}{=} \{v \sec^2 uv \cos(u+v) - \tan uv \sin(u+v)\}e^{\tan uv \cos(u+v)},$$

$$\frac{\partial z}{\partial v} \overset{(3.6)}{=} \{u \sec^2 uv \cos(u+v) - \tan uv \sin(u+v)\}e^{\tan uv \cos(u+v)}.$$

解く！

合成関数の偏微分公式 (3.5), (3.6) に慣れるために，以下の (a)〜(h) を埋めよう.

◆ $x = u - 2v$, $y = 2u + v$ のとき，2 変数関数 $z = \sin xy$ の u, v に関する偏導関数を求めよ. ◆

まず，z の x, y に関する偏導関数は，

$$\frac{\partial z}{\partial x} = \boxed{\text{(a)}}, \quad \frac{\partial z}{\partial y} = \boxed{\text{(b)}}.$$

次に，x, y の u, v に関する偏導関数は，

$$\frac{\partial x}{\partial u} = \boxed{\text{(c)}}, \quad \frac{\partial x}{\partial v} = \boxed{\text{(d)}}, \quad \frac{\partial y}{\partial u} = \boxed{\text{(e)}}, \quad \frac{\partial y}{\partial v} = \boxed{\text{(f)}}.$$

したがって，合成関数の偏微分の公式より，

$$\frac{\partial z}{\partial u} \overset{(3.5)}{=} \boxed{\text{(g)}}, \quad \frac{\partial z}{\partial v} \overset{(3.6)}{=} \boxed{\text{(h)}}.$$

答え

(a) $y \cos xy$ (b) $x \cos xy$ (c) 1   (d) -2 (e) 2   (f) 1

(g) $(4u - 3v) \cos(u - 2v)(2u + v)$ (h) $-(3u + 4v) \cos(u - 2v)(2u + v)$

例 3.7

$x = 3\cos\theta$, $y = 2\sin\theta$ のとき，関数 $z = x^2 - y^2$ の θ に関する導関数 $\dfrac{dz}{d\theta}$ を求めよ.

解

z の x, y に関する偏導関数を θ の式で表すと，

$$\frac{\partial z}{\partial x} = 2x = 6\cos\theta, \quad \frac{\partial z}{\partial y} = -2y = -4\sin\theta.$$

次に，

$$\frac{dx}{d\theta} = -3\sin\theta, \quad \frac{dy}{d\theta} = 2\cos\theta.$$

したがって，合成関数の微分公式より，

$$\frac{dz}{d\theta} \overset{(3.7)}{=} 6\cos\theta \cdot (-3\sin\theta) + (-4\sin\theta) \cdot 2\cos\theta = -26\sin\theta\cos\theta.$$

解く！

合成関数の偏微分公式 (3.7) に慣れるために，以下の (a)〜(e) を埋めよう．

◆ $x = t\cos 2t$, $y = t\sin t$ のとき，関数 $z = \dfrac{1}{1 + x^2 + y^2}$ の t に関する導関数 $\dfrac{dz}{dt}$ を求めよ． ◆

まず，z の x, y に関する偏導関数を t の式で表すと，

$$\frac{\partial z}{\partial x} = -\frac{2x}{(1 + x^2 + y^2)^2} = \boxed{(a)}, \quad \frac{\partial z}{\partial y} = -\frac{2y}{(1 + x^2 + y^2)^2} = \boxed{(b)}.$$

次に，

$$\frac{dx}{dt} = \boxed{(c)}, \quad \frac{dy}{dt} = \boxed{(d)}.$$

したがって，合成関数の微分公式より，

$$\frac{dz}{dt} \overset{(3.7)}{=} \boxed{(a)} \cdot \boxed{(c)} + \boxed{(b)} \cdot \boxed{(d)} = \boxed{(e)}.$$

答え

(a) $\quad -\dfrac{2t\cos 2t}{\{1 + t^2(\cos^2 2t + \sin^2 t)\}^2}$ （b) $\quad -\dfrac{2t\sin t}{\{1 + t^2(\cos^2 2t + \sin^2 t)\}^2}$

(c) $\quad \cos 2t - 2t\sin 2t$ （d) $\quad \sin t + t\cos t$

(e) $\quad -\dfrac{2t(\cos^2 2t + \sin^2 t) + 2t^2(\sin t\cos t - 2\sin 2t\cos 2t)}{\{1 + t^2(\cos^2 2t + \sin^2 t)\}^2}$

3.3.2　陰関数定理

変数 x, y の間に $f(x, y) = 0$ という関係があるとき，1 つの x の値に対して y の値を定めることができる．すなわち，変数 x, y の間に関数 $y = h(x)$ が定まる．関数 $y = h(x)$ を $f(x, y) = 0$ から定まる陰関数という[1]．例えば，$f(x, y) = x^2 + y^2 - 1$ のとき，$f(x, y) = 0$ から定まる陰関数は $y = \pm\sqrt{1 - x^2}$ である．

$f(x, y) = 0$ から定まる陰関数 $h(x)$ を求めるのは，方程式 $f(x, y) = 0$ を y について解き直すことと等価である．それでは，2 変数関数 $f(x, y)$ がどのような条件を満たすとき，$f(x, y) = 0$ を y について解き直せるのであろうか．この問題の解答を与えるのが次の定理である．

陰関数定理

C^1 級の関数 $f(x, y)$ が

$$f(a, b) = 0,$$

$$f_y(a, b) \neq 0$$

を満たすならば，$x = a$ を含む区間を定義域とする関数 $y = h(x)$ で，

$$h(a) = b,$$

---

[1] $y = f(x)$ のように y が x の関数として直接与えられるとき，y は x の陽関数であるという．

$$f(x, h(x)) = 0$$

を満たすものがただ一つ存在する．このとき，導関数 $h'(x)$ は次のように与えられる．

$$h'(x) = -\frac{f_x}{f_y}. \tag{3.8}$$

なお，陰関数定理は x と y の役割を入れ替えても成立する．

　上記定理によれば，$f_y(a, b) \neq 0$ のとき陰関数 $y = h(x)$ がただ一つ存在する．実は，この条件 $f_y(a, b) \neq 0$ は，曲線 $f(x, y) = 0$ 上の点 (a, b) における接線 l が，y 軸に平行でないことを表している．実際，l が y 軸に平行でなければ（図 3.8(a) 参照），点 (a, b) の近傍で y は x の関数となっており，陰関数 $h(x)$ がただ一つ存在している．これに対して，$f_y(a, b) = 0$ の場合は，接線 l が y 軸に平行となるため，$x = a$ の近傍で陰関数 $y = h_+(x)$ と $y = h_-(x)$ の 2 つが存在することになる（図 3.8(b) 参照）．

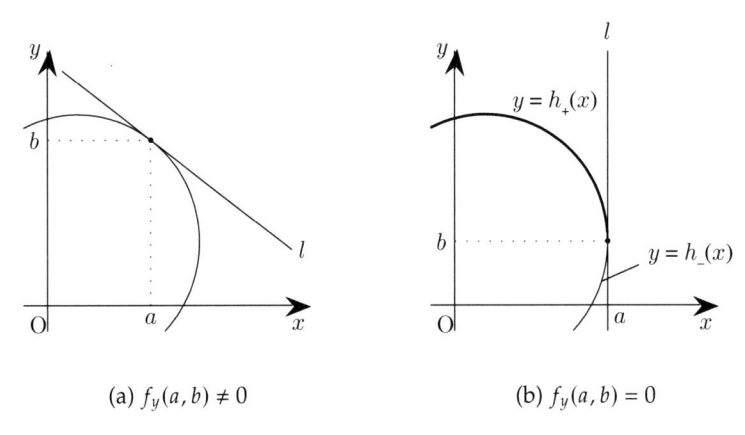

(a) $f_y(a, b) \neq 0$　　　　　　(b) $f_y(a, b) = 0$

図 3.8　陰関数が一意に存在するための条件の幾何学的意味

　陰関数定理のもう一つの重要な役割は，陰関数 $h(x)$ の具体形が分からなくても，その導関数 $h'(x)$ の値を式 (3.8) により計算できることである．さらに，次式の定理を用いれば，$h'(x) = 0$ となる点での 2 次導関数 $h''(x)$ の値も計算できる．

定理
関数 $f(x, y)$ を C^1 級とし，$f(x, y) = 0$ から定まる陰関数を $y = h(x)$ とするとき，次のことがいえる．

$$h'(x) = 0 \implies h''(x) = -\frac{f_{xx}}{f_y} \tag{3.9}$$

例 3.8

方程式 $x^2 + 4y^2 - 1 = 0$ から定まる陰関数 $y = h(x)$ の導関数 $h'(x)$ と $h''(x)$ を求めよ.

解

$f(x, y) = x^2 + 4y^2 - 1$ とおくと,

$$f_x = 2x, \quad f_y = 8y.$$

陰関数定理は $f_y \neq 0$, つまり, $y \neq 0$ で適用可能であり, このとき,

$$h'(x) \overset{(3.8)}{=} -\frac{f_x}{f_y} = -\frac{x}{4y},$$

$$\therefore \quad h''(x) = \frac{d}{dx}\left(-\frac{x}{4y}\right) = -\frac{1}{4y^2}\left(y - x\frac{dy}{dx}\right) = -\frac{1}{4y^2}\{y - xh'(x)\} = -\frac{1}{4}\left(\frac{1}{y} + \frac{x^2}{4y^3}\right)$$

解く！

陰関数の導関数を求める方法に慣れるために, 以下の (a)〜(e) を埋めよう.

◆方程式 $\mathrm{Arctan}\, xy = \dfrac{1}{5}$ から定まる陰関数 $y = h(x)$ の導関数 $h'(x)$ と $h''(x)$ を求めよ. ◆

$f(x, y) = \mathrm{Arctan}\, xy - \dfrac{1}{5}$ とおくと,

$$f_x = \boxed{(a)}, \quad f_y = \boxed{(b)}.$$

陰関数定理は $f_y \neq 0$, つまり, $x \neq \boxed{(c)}$ で適用可能であり, このとき,

$$h'(x) \overset{(3.8)}{=} -\frac{f_x}{f_y} = \boxed{(d)}.$$

$$\therefore \quad h''(x) = \frac{d}{dx}\left(\boxed{(d)}\right) = \boxed{(e)}$$

答え

(a) $\dfrac{y}{1 + (xy)^2}$　　(b) $\dfrac{x}{1 + (xy)^2}$　　(c) 0　　(d) $-\dfrac{y}{x}$　　(e) $\dfrac{2y}{x^2}$

例 3.9

楕円 $\dfrac{x^2}{a^2} + \dfrac{y^2}{b^2} = 1$ 上の点 $\left(\dfrac{\sqrt{3}}{2}a, \dfrac{1}{2}b\right)$ のおける接線の方程式を求めよ.

解

$f(x, y) = \dfrac{x^2}{a^2} + \dfrac{y^2}{b^2} - 1$ とおくと,

$$f_x = \frac{2x}{a^2}, \quad f_y = \frac{2y}{b^2}.$$

$f(x, y)$ から定まる陰関数を $h(x)$ とすると,

$$h'\left(\frac{\sqrt{3}}{2}a\right) \overset{(3.8)}{=} -\frac{f_x\left(\frac{\sqrt{3}}{2}a, \frac{1}{2}b\right)}{f_y\left(\frac{\sqrt{3}}{2}a, \frac{1}{2}b\right)} = -\frac{\sqrt{3}b}{a}.$$

したがって，接線の方程式は $y = -\dfrac{\sqrt{3}b}{a}\left(x - \dfrac{\sqrt{3}}{2}a\right) + \dfrac{1}{2}b$，すなわち，$\dfrac{\sqrt{3}x}{2a} + \dfrac{y}{2b} = 1$.

解く！

曲線の接線を求める方法に慣れるために，以下の (a)〜(d) を埋めよう．

◆ 曲線 $x^5 + 2x^2y - y^2 = 0$ 上の点 $(1, 1+\sqrt{2})$ における接線の方程式を求めよ．◆

$f(x,y) = x^5 + 2x^2y - y^2$ とおくと，

$$f_x = \boxed{\text{(a)}}, \quad f_y = \boxed{\text{(b)}}.$$

$f(x,y) = 0$ から定まる陰関数を $h(x)$ とすると，

$$h'(1) \overset{(3.8)}{=} -\frac{f_x\left(1, 1+\sqrt{2}\right)}{f_y\left(1, 1+\sqrt{2}\right)} = \boxed{\text{(c)}}.$$

したがって，接線の方程式は，$y = \boxed{\text{(c)}}(x-1) + 1 + \sqrt{2}$，すなわち，$y = \boxed{\text{(d)}}$.

答え

(a) $5x^4 + 4xy$　　　(b) $2x^2 - 2y$　　　(c) $\dfrac{8 + 9\sqrt{2}}{4}$　　　(d) $\dfrac{8 + 9\sqrt{2}}{4}x - \dfrac{4 + 5\sqrt{2}}{4}$

例 3.10

方程式 $x^2 + xy + y^2 - 2 = 0$ から定まる陰関数 $y = h(x)$ の極値を求めよ．

方針　$f(x,y) = 0$ から定まる陰関数 $y = h(x)$ が $x = a$ で極値をとると，次の 2 つ命題が成り立つ．

(i)　点 (a, b) の近傍で $f(x,y) = 0$ から定まる陰関数 $h(x)$ がただ一つ存在する．

(ii)　$h'(a) = 0$

陰関数定理より，(i) が成り立つための条件は

$$f(a, b) = 0 \tag{1}$$

$$f_y(a, b) \neq 0 \tag{2}$$

である．また，$h'(x) = -f_x/f_y$ であるから，(ii) は

$$f_x(a, b) = 0 \tag{3}$$

と表せる．それゆえ，陰関数 $y = h(x)$ が極値をとる点 $x = a$ を求めるには，次の 2 つの手順を用いればよい．

① 連立方程式 (1), (3) の解のうち，(2) を満たす (a, b) を求める．

② $h''(a) = -\dfrac{f_{xx}(a, b)}{f_y(a, b)}$ の符号から $b = h(a)$ が極値であるか否かを判定する．

解

まず，$f(x, y) = x^2 + xy + y^2 - 2$ とおくと，$f_x = 2x + y$，$f_y = 2y + x$，$f_{xx} = 2.$

次に，連立方程式 $f(x, y) = f_x(x, y) = 0$ より

$$x^2 + xy + y^2 = 2, \quad 2x + y = 0.$$

$$\therefore \quad (x, y) = \left(\pm \frac{\sqrt{6}}{3}, \mp \frac{2}{3}\sqrt{6} \right) \quad \text{（複合同順）}$$

一方，

$$f_y \left(\pm \frac{\sqrt{6}}{3}, \mp \frac{2}{3}\sqrt{6} \right) = \mp \sqrt{6} \neq 0.$$

ゆえに，$(x, y) = \left(\pm \dfrac{\sqrt{6}}{3}, \mp \dfrac{2}{3}\sqrt{6} \right)$ は $f(x, y) = f_x(x, y) = 0$，$f_y(x, y) \neq 0$ を満たすから，$\mp \dfrac{2}{3}\sqrt{6} = h\left(\pm \dfrac{\sqrt{6}}{3} \right)$ は極値の候補である．

最後に，候補点での $h''(x)$ の符号を調べると，

$$h'' \left(\pm \frac{\sqrt{6}}{3} \right) \overset{(3.9)}{=} -\frac{f_{xx} \left(\pm \frac{\sqrt{6}}{3}, \mp \frac{2}{3}\sqrt{6} \right)}{f_y \left(\pm \frac{\sqrt{6}}{3}, \mp \frac{2}{3}\sqrt{6} \right)} = \pm \frac{2}{\sqrt{6}}.$$

したがって，$h(x)$ は極小値 $h\left(\dfrac{\sqrt{6}}{3} \right) = -\dfrac{2}{3}\sqrt{6}$ と極大値 $h\left(-\dfrac{\sqrt{6}}{3} \right) = \dfrac{2}{3}\sqrt{6}$ をもつ．参考までに，図 3.9 に $x^2 + xy + y^2 - 2 = 0$ のグラフを示す．

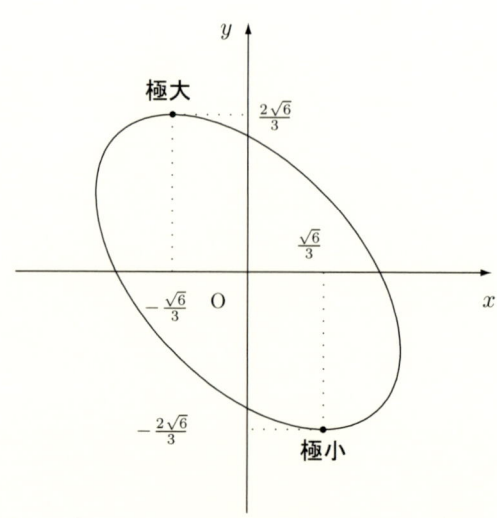

図 3.9　$x^2 + xy + y^2 - 2 = 0$ から定まる陰関数 $y = h(x)$ の極値

解く！

陰関数の極値問題に慣れるために，以下の (a)〜(j) を埋めよう．

◆ 方程式 $x^3 - 3xy + y^3 = 0$ から定まる陰関数 $y = h(x)$ の極値を求めよ．◆

まず，$f(x, y) = x^3 - 3xy + y^3$ とおくと，$f_x = \boxed{\text{(a)}}$，$f_y = \boxed{\text{(b)}}$，$f_{xx} = \boxed{\text{(c)}}$．
次に，連立方程式 $f(x, y) = f_x(x, y) = 0$ より

$$\boxed{\text{(d)}} = 0, \quad \boxed{\text{(e)}} = 0.$$

$$\therefore \quad (x, y) = (0, 0), \ \left(\boxed{\text{(f)}}, \boxed{\text{(g)}}\right)$$

一方，$f_y(0, 0) = 0$ より，$(0, 0)$ の近傍では陰関数は意味をもたない．これに対して，$f_y\left(\boxed{\text{(f)}}, \boxed{\text{(g)}}\right) = \boxed{\text{(h)}} \neq 0$. ゆえに，$(x, y) = \left(\boxed{\text{(f)}}, \boxed{\text{(g)}}\right)$ は $f(x, y) = f_x(x, y) = 0, f_y(x, y) \neq 0$ を満たすから，$\boxed{\text{(g)}} = h\left(\boxed{\text{(f)}}\right)$ は極値の候補である．

最後に，候補点での $h''(x)$ の符号を調べると，

$$h''\left(\boxed{\text{(f)}}\right) \overset{(3.9)}{=} -\frac{f_{xx}\left(\boxed{\text{(f)}}, \boxed{\text{(g)}}\right)}{f_y\left(\boxed{\text{(f)}}, \boxed{\text{(g)}}\right)} = \boxed{\text{(i)}} < 0$$

したがって，$h(x)$ は $x = \boxed{\text{(f)}}$ で $\boxed{\text{(j)}}$ 値 $h\left(\boxed{\text{(f)}}\right) = \boxed{\text{(g)}}$ をとる．

答え
(a) $3(x^2 - y)$ (b) $3(-x + y^2)$ (c) $6x$ (d) $x^3 - 3xy + y^3$
(e) $x^2 - y$ (f) $\sqrt[3]{2}$ (g) $\sqrt[3]{4}$ (h) $3\sqrt[3]{2}$ (i) -2 (j) 極大

　上記の解答からも明らかなように，「解く！」で扱った関数 $f(x, y) = x^3 - 3xy + y^3$ は原点で $f_x = f_y = 0$ を満たしている．それゆえ，原点で陰関数は意味をもたない．一般に，曲線 $C: f(x, y) = 0$ 上の点のうち，$f_x = f_y = 0$ を満たす点を曲線 C の特異点という．「解く！」で扱った曲線 $x^3 - 3xy + y^3 = 0$ はデカルトの正葉線と呼ばれる（図 3.10 参照）．この曲線の特異点は原点であり，原点で曲線は交差している．

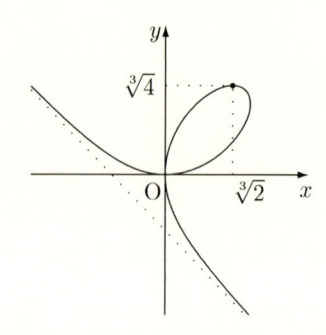

図 3.10　曲線 $x^3 - 3xy + y^3 = 0$ (デカルトの正葉線)

練習問題 3.3

[1]　2 変数関数 $z = \sin(x^2 + y^2)$ について，次の問いに答えよ.

(1)　$x = t^2, y = 2t^2$ のとき，$\dfrac{dz}{dt}$ を求めよ.

(2)　$x = \sqrt{2}(u + v), y = \sqrt{2}(u - v)$ のとき，$\dfrac{\partial z}{\partial u}$ と $\dfrac{\partial z}{\partial v}$ を求めよ.

(3)　$x = r\cos\theta, y = r\sin\theta$ のとき，$\dfrac{\partial z}{\partial r}$ と $\dfrac{\partial z}{\partial \theta}$ を求めよ.

[2]　xy 平面上の曲線の接線について，次の問いに答えよ.

(1)　曲線 $x^3 - 3xy + y^3 = 0$ 上の点 $\left(\dfrac{3}{2}, \dfrac{3}{2}\right)$ における接線の方程式を求めよ.

(2)　曲線 $x^2 + xy + y^2 - 2 = 0$ 上の点 (a, b) における接線の傾きが 1 となるとき，a, b を求めよ.

[3]　次の方程式から定まる陰関数 $y = h(x)$ について，導関数 $h'(x)$ と $h''(x)$ を求めよ.

(1)　$x^2 - y^3 = 0$　　　(2)　$\log y = x + y$

[4] 方程式 $x^3 - x^2 + y^2 = 0$ から定まる陰関数 $y = h(x)$ の極値を求めよ.

3.4　多項式で表現しよう——2 変数関数のテイラー展開

3.4.1　2 変数関数のテイラーの定理

第 1 章で説明した 1 変数関数に対するテイラーの定理を拡張すると，2 変数関数に対するテイラーの定理が得られる.

---

2 変数関数のテイラーの定理

2 変数関数 $f(x, y)$ が C^n 級ならば，次式が成り立つ.

$$f(a + h, b + k) = \sum_{r=0}^{n-1} \frac{1}{r!}\left(h\frac{\partial}{\partial x} + k\frac{\partial}{\partial y}\right)^r f(a, b) + R_n \tag{3.10}$$

ただし，R_n は

$$R_n = \frac{1}{n!}\left(h\frac{\partial}{\partial x} + k\frac{\partial}{\partial y}\right)^n f(a+\theta h, b+\theta k) \tag{3.11}$$

であり，θ は $0 < \theta < 1$ を満たす定数である．R_n は剰余項と呼ばれる．

式 (3.10) の中には，$\left(h\dfrac{\partial}{\partial x} + k\dfrac{\partial}{\partial y}\right)^r f(a,b)$ という項が含まれている．この項は，括弧を形式的に 2 項展開して得られる式：

$$\left(h\frac{\partial}{\partial x} + k\frac{\partial}{\partial y}\right)^r f(a,b) = \sum_{j=0}^{r} {}_rC_j h^{r-j}k^j \frac{\partial^r f(a,b)}{\partial x^{r-j}\partial y^j}$$

で定義される．具体的には次のように表せる．

$$\left(h\frac{\partial}{\partial x} + k\frac{\partial}{\partial y}\right)^0 f(a,b) = f(a,b)$$

$$\left(h\frac{\partial}{\partial x} + k\frac{\partial}{\partial y}\right)^1 f(a,b) = hf_x(a,b) + kf_y(a,b),$$

$$\left(h\frac{\partial}{\partial x} + k\frac{\partial}{\partial y}\right)^2 f(a,b) = h^2 f_{xx}(a,b) + 2hk f_{xy}(a,b) + k^2 f_{yy}(a,b),$$

$$\vdots$$

式 (3.10) は点 (a,b) のまわりの $n-1$ 次までのテイラー展開と呼ばれる．

2 変数関数のテイラーの定理で，特に $(a,b) = (0,0)$ とすれば，次の定理が得られる．

---

2 変数関数のマクローリンの定理

2 変数関数 $f(x,y)$ が C^n 級ならば，次式が成り立つ．

$$f(h,k) = \sum_{r=0}^{n-1} \frac{1}{r!}\left(h\frac{\partial}{\partial x} + k\frac{\partial}{\partial y}\right)^r f(0,0) + R_n \tag{3.12}$$

ただし，R_n は

$$R_n = \frac{1}{n!}\left(h\frac{\partial}{\partial x} + k\frac{\partial}{\partial y}\right)^n f(\theta h, \theta k) \tag{3.13}$$

であり，θ は $0 < \theta < 1$ を満たす定数である．R_n は剰余項と呼ばれる．

式 (3.12) は $n-1$ 次までのマクローリン展開と呼ばれる．さらに，1 変数関数の場合と同様に，ある種の条件の下では，2 変数関数のテイラー展開とマクローリン展開から無限級数を考えることができる．

---

2 変数関数のテイラー級数

2 変数関数 $f(x,y)$ が C^∞ 級であり，式 (3.11) で定義された剰余項 R_n が $\lim\limits_{n\to\infty} R_n = 0$ を満たすならば，次式が成り立つ．

$$f(a+h, b+k) = \sum_{n=0}^{\infty} \frac{1}{n!}\left(h\frac{\partial}{\partial x} + k\frac{\partial}{\partial y}\right)^n f(a,b) \tag{3.14}$$

---

2 変数関数のマクローリン級数

2 変数関数 $f(x, y)$ が C^∞ 級であり，式 (3.13) で定義された剰余項 R_n が $\lim\limits_{n \to \infty} R_n = 0$ を満たすならば，次式が成り立つ.

$$f(h, k) = \sum_{n=0}^{\infty} \frac{1}{n!} \left(h \frac{\partial}{\partial x} + k \frac{\partial}{\partial y} \right)^n f(0, 0) \tag{3.15}$$

式 (3.14) を関数 $f(x, y)$ のテイラー展開またはテイラー級数と呼び，式 (3.15) を関数 $f(x, y)$ のマクローリン展開またはマクローリン級数と呼ぶ.

例 3.11

2 変数関数 $f(x, y) = e^{xy}$ に対して，2 次までのマクローリン展開を求めよ. ただし，剰余項 R_3 の具体形は省略してよい.

解

　一般に，2 次までのマクローリン展開は

$$f(h, k) \overset{(3.12)}{=} f(0, 0) + h f_x(0, 0) + k f_y(0, 0) + \frac{1}{2!} \left\{ h^2 f_{xx}(0, 0) + 2hk f_{xy}(0, 0) + k^2 f_{yy}(0, 0) \right\} + R_3.$$

一方，$f(x, y) = e^{xy}$，　$f_x = y e^{xy}$，　$f_y = x e^{xy}$，　$f_{xx} = y^2 e^{xy}$，　$f_{xy} = (1 + xy)e^{xy}$，　$f_{yy} = x^2 e^{xy}$

より，$f(0, 0) = 1$，　$f_x(0, 0) = 0$，　$f_y(0, 0) = 0$，　$f_{xx}(0, 0) = 0$，　$f_{xy}(0, 0) = 1$，　$f_{yy}(0, 0) = 0$.

$$\therefore \quad f(h, k) = 1 + hk + R_3$$

解く！

2 変数関数のマクローリン展開に慣れるために，以下の (a)〜(n) を埋めよう.

◆ 2 変数関数 $f(x, y) = \sin(x^2 + 2y)$ に対して，2 次までのマクローリン展開を求めよ. ただし，剰余項 R_3 の具体形は省略してよい. ◆

一般に，2 次までのマクローリン展開は

$$f(h, k) \overset{(3.12)}{=} f(0, 0) + \boxed{\text{(a)}} + \frac{1}{2!} \left(\boxed{\text{(b)}} \right) + R_3.$$

一方，$f(x, y) = \sin(x^2 + 2y)$，　$f_x = \boxed{\text{(c)}}$，　$f_y = \boxed{\text{(d)}}$，　$f_{xx} = \boxed{\text{(e)}}$，

$f_{xy} = \boxed{\text{(f)}}$，　$f_{yy} = \boxed{\text{(g)}}$ より，$f(0, 0) = \boxed{\text{(h)}}$，　$f_x(0, 0) = \boxed{\text{(i)}}$，　$f_y(0, 0) = \boxed{\text{(j)}}$，

$f_{xx}(0, 0) = \boxed{\text{(k)}}$，　$f_{xy}(0, 0) = \boxed{\text{(l)}}$，　$f_{yy}(0, 0) = \boxed{\text{(m)}}$.

$$\therefore \quad f(h, k) = \boxed{\text{(n)}}$$

答え

(a) $h f_x(0,0) + k f_y(0,0)$ (b) $h^2 f_{xx}(0,0) + 2hk f_{xy}(0,0) + k^2 f_{yy}(0,0)$

(c) $2x \cos(x^2 + 2y)$ (d) $2 \cos(x^2 + 2y)$ (e) $2 \cos(x^2 + 2y) - 4x^2 \sin(x^2 + 2y)$

(f) $-4x \sin(x^2 + 2y)$ (g) $-4 \sin(x^2 + 2y)$ (h) 0 (i) 0

(j) 2 (k) 2 (l) 0 (m) 0 (n) $2k + h^2 + R_3$

練習問題 3.4

[1] 次の 2 変数関数 $f(x, y)$ の 2 次までのマクローリン展開を求めよ. ただし, 剰余項 R_3 の具体形は省略してよい.

(1) $f(x, y) = e^x \cos y$ (2) $f(x, y) = \sqrt{1 - x^2 - y^2}$

[2] 次の 2 変数関数 $f(x, y)$ について, 点 (a, b) のまわりの 2 次までのテイラー展開を求めよ. ただし, 剰余項 R_3 の具体形は省略してよい.

(1) $f(x, y) = e^x \sin y, (a, b) = (1, \frac{\pi}{4})$ (2) $f(x, y) = \log(x^2 + y^2), (a, b) = (1, -1)$

3.5 局所領域での最大と最小——2 変数関数の極値

3.5.1 2 変数関数の極大値と極小値

点 (a, b) を含む十分小さな領域 $U(a, b)$ の中で関数 $f(x, y)$ を考えた場合, $f(x, y)$ が点 (a, b) で最大（または最小）になるとき, $f(x, y)$ は点 (a, b) で極大（または極小）になるといい, $f(a, b)$ を極大値（または極小値）という. また, このとき, (a, b) を極大点（または極小点）という. 極大値と極小値を総称して極値と呼び, 極大点と極小点を総称して極値点と呼ぶ. 図 3.11 は極大値と極小値をもつ 2 変数関数のグラフの例である.

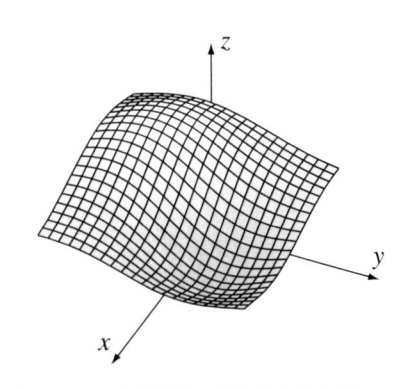

図 3.11 2 変数関数の極大値と極小値

点 (a, b) が極値点になるための必要条件を示そう.

> **定理**
>
> 関数 $f(x, y)$ が点 (a, b) を含む領域で偏微分可能であるとき，次のことがいえる.
>
> $f(a, b)$ が極値である $\implies f_x(a, b) = f_y(a, b) = 0$

上記定理からも明らかなように，$f_x(a, b) = f_y(a, b) = 0$ が成り立つからといって必ずしも $f(a, b)$ が極値になるとは限らない．例えば，2 変数関数 $f(x, y) = x^2 - y^2$（図 3.12(a) 参照）は $f_x(0, 0) = f_y(0, 0) = 0$ を満たしているが，$f(0, 0)$ は極値でない．実際，$f(0, 0)$ は関数 $f(x, 0)$ の極小値であるが，関数 $f(0, y)$ の極大値でもある (図 3.12 (b), (c) 参照)．このように，ある方向の道筋に沿えば極小点となり，別の方向の道筋に沿えば極大点となる点を鞍点という.

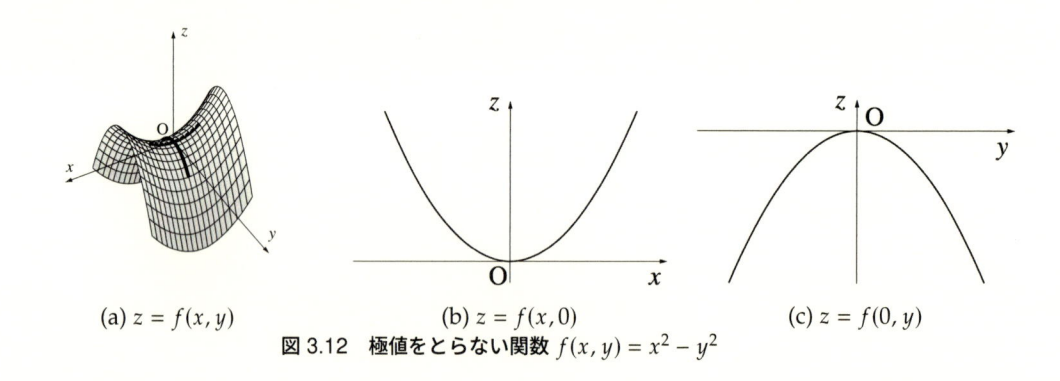

(a) $z = f(x, y)$　　　　(b) $z = f(x, 0)$　　　　(c) $z = f(0, y)$

図 3.12　極値をとらない関数 $f(x, y) = x^2 - y^2$

極値点を求めるには，まず $f_x(a, b) = f_y(a, b) = 0$ を満たす点 (a, b) を求める．しかしながら，(a, b) が極値点になるかどうかは，別の方法で判定しなければならない．この判定に使用されるのが，

$$H(x, y) = \begin{vmatrix} f_{xx} & f_{xy} \\ f_{yx} & f_{yy} \end{vmatrix}$$

であり，関数 $f(x, y)$ のヘッセ行列式またはヘッシアンと呼ばれる．$f(x, y)$ が C^2 級であれば，偏微分の順序を入れ替えられるので，

$$H(x, y) = f_{xx} f_{yy} - f_{xy}^2 \tag{3.16}$$

となる．これを用いて，極大と極小の判別を次のように行うことができる.

> **定理**
>
> 関数 $f(x, y)$ が C^2 級であり，$f_x(a, b) = f_y(a, b) = 0$ であるとき，次のことが成り立つ.
>
> - $f_{xx}(a, b) < 0, H(a, b) > 0 \implies (a, b)$ は極大点である
> - $f_{xx}(a, b) > 0, H(a, b) > 0 \implies (a, b)$ は極小点である
> - $H(a, b) < 0 \implies (a, b)$ は鞍点である

なお，上記定理では極大・極小の判定を行う際に，$f_{xx}(a,b)$ に着目しているが，$f_{yy}(a,b)$ に着目してもよい．これは，$H(a,b) > 0$ であれば，式 (3.16) より $f_{xx}(a,b)f_{yy}(a,b) > f_{xy}(a,b)^2 \geqq 0$ が成り立つため，$f_{xx}(a,b)$ と $f_{yy}(a,b)$ が同符号になるからである．また，$H(a,b) = 0$ の場合にこの定理は適用できない．この場合は，他の判定法が必要となる．

例 3.12

2 変数関数 $f(x,y) = x^3 - 3xy + y^3$ の極値をすべて求めよ．

方針　極値点の候補 (a,b) を $f_x = f_y = 0$ の解として求めた後，各候補に対して $H(a,b)$ を計算し，その符号から極大・極小の判定を行えばよい．

解
2 次までの偏導関数は

$$f_x = 3x^2 - 3y, \quad f_y = 3y^2 - 3x$$
$$f_{xx} = 6x, \quad f_{xy} = f_{yx} = -3, \quad f_{yy} = 6y.$$

$f_x = f_y = 0$ とおくと，

$$x^2 - y = 0, \quad y^2 - x = 0.$$
$$\therefore \quad (x,y) = (0,0), (1,1)$$

この 2 点が極値点の候補である．

(i)　$H(0,0) = f_{xx}(0,0)f_{yy}(0,0) - f_{xy}(0,0)^2 = -9 < 0$ より，$f(0,0)$ は極値ではない．

(ii)　$H(1,1) = f_{xx}(1,1)f_{yy}(1,1) - f_{xy}(1,1)^2 = 27 > 0, f_{xx}(1,1) = 6 > 0$ より，$f(1,1) = -1$ は極小値である．

解く！

2 変数関数の極値問題に慣れるために，以下の (a)〜(k) を埋めよう．

◆ 2 変数関数 $f(x,y) = x^3 - 2xy - y^2 - x$ の極値をすべて求めよ．◆

2 次までの偏導関数は

$$f_x = \boxed{\text{(a)}}, \quad f_y = \boxed{\text{(b)}}$$
$$f_{xx} = \boxed{\text{(c)}}, \quad f_{xy} = \boxed{\text{(d)}}, \quad f_{yy} = \boxed{\text{(e)}}.$$

$f_x = f_y = 0$ とおくと，

$$\boxed{\text{(a)}} = 0, \quad \boxed{\text{(b)}} = 0.$$
$$\therefore \quad (x,y) = (-1,1), \left(\boxed{\text{(f)}}\right)$$

この 2 点が極値点の候補である．

(i)　$(x, y) = (-1, 1)$ の場合，$H(-1, 1) = \boxed{\text{(g)}} > 0, f_{xx}(-1, 1) = \boxed{\text{(h)}} < 0$ より
$f(-1, 1) = \boxed{\text{(i)}}$ は $\boxed{\text{(j)}}$ 値である．

(ii)　$(x, y) = \boxed{\left(\boxed{\text{(f)}}\right)}$ の場合 $H\left(\boxed{\text{(f)}}\right) = \boxed{\text{(k)}} < 0$ より $f\left(\boxed{\text{(f)}}\right)$ は極値ではない．

答え

(a)　$3x^2 - 2y - 1$ 　　(b)　$-2x - 2y$ 　　(c)　$6x$ 　　(d)　-2 　　(e)　-2

(f)　$\frac{1}{3}, -\frac{1}{3}$ 　　(g)　8 　　(h)　-6 　　(i)　1 　　(j)　極大 　　(k)　-8

Coffee Break　　極大・極小の判定方法

　一般に，$f_x(a, b) = f_y(a, b) = 0$ を満たす点 (a, b) を停留点という．停留点 (a, b) 上で $H(a, b) = 0$ となるときには，点 (a, b) が極値点であるのか，あるいは鞍点であるのかを 110 ページの定理から判定できない．これは 1 変数関数 $f(x)$ が $f'(a) = f''(a) = 0$ を満たす場合に $f(a)$ が極値であるか否かを判定できないという状況と同様である．この場合には他のなんらかの方法で判定せざるを得ない．

　例えば，2 変数関数 $f(x, y) = x^3 + y^3$ と $f(x, y) = x^4 + y^4$ は共に $f_x(0, 0) = f_y(0, 0) = 0$ を満たすから原点が停留値となるが，$H(0, 0) = 0$ である．関数 $f(x, y) = x^3 + y^3$ は $y = 0$ で $f(x, 0) = x^3$ となるため，$x < 0$ のときには $f(x, 0) < 0$ であり，$x > 0$ のときには $f(x, 0) > 0$ である．つまり，原点を含む小さい領域 $U(0, 0)$ には必ず $f(0, 0) = 0$ より大きい値と小さい値を含むため，原点は極値点でないことが分かる．一方，関数 $f(x, y) = x^4 + y^4$ は原点以外では $f(x, y) > f(0, 0) = 0$ であるから，原点が極小点になることが分かる．以上のように，停留点 (a, b) で $H(a, b) = 0$ となる場合には，関数 $f(x, y)$ の形によって個別の対応が必要となるのである．

3.5.2　ラグランジュ未定乗数法

　例 3.12 のように，2 変数 x と y を自由に動かしたときの関数 $f(x, y)$ の極値を求める問題を無条件の極値問題という．これに対して，2 変数 x と y が $g(x, y) = 0$ を満たすという条件の下で関数 $f(x, y)$ の極値を求める問題を拘束条件付き極値問題という．つまり，拘束条件付き極値問題では，xy 平面上の曲線 $g(x, y) = 0$ 上を点 (x, y) が動くとき，関数 $f(x, y)$ の極値を求めるのである（図 3.13 参照）．

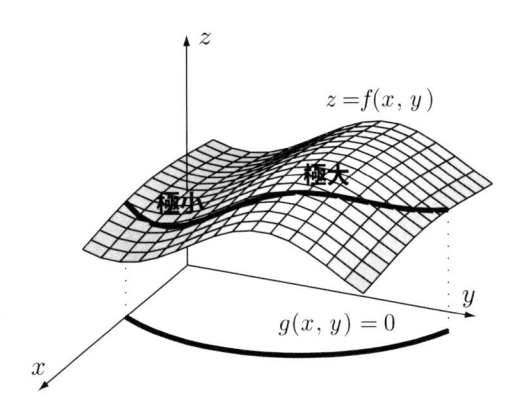

図 3.13　拘束条件付き極値問題

$g(x, y) = 0$ から陰関数を求めて関数 $f(x, y)$ に代入すれば，拘束条件付き極値問題は 1 変数関数の極値問題に帰着できる．しかしながら，次の定理を用いれば，陰関数を求めなくても，拘束条件付き極値問題を解くことができる．

定理

関数 $f(x, y)$ と $g(x, y)$ が C^1 級であり，かつ，曲線 $g(x, y) = 0$ 上で $g_x(x, y), g_y(x, y)$ が同時に 0 にならないとする．このとき，$g(x, y) = 0$ という拘束条件の下で $f(x, y)$ が点 (a, b) で極値をとるならば，

$$f_x(a, b) = \lambda_0 g_x(a, b), \quad f_y(a, b) = \lambda_0 g_y(a, b) \tag{3.17}$$

を満たす定数 λ_0 が存在する．

---

3 変数関数 $F(x, y, \lambda) = f(x, y) - \lambda g(x, y)$ を考えれば，

$$F_x = f_x - \lambda g_x, \quad F_y = f_y - \lambda g_y, \quad F_\lambda = -g$$

である．それゆえ，条件 $g(x, y) = 0$ の下で関数 $f(x, y)$ が点 (a, b) で極値をとるならば，

$$F_x(a, b, \lambda_0) = F_y(a, b, \lambda_0) = F_\lambda(a, b, \lambda_0) = 0 \tag{3.18}$$

といえる．このように，拘束条件付き極値問題を 3 変数関数 $F(x, y, \lambda)$ に対する無条件の極値問題に帰着させて解く方法をラグランジュの未定乗数法といい，新たな変数 λ をラグランジュの未定乗数と呼ぶ．

拘束条件付き極値問題では，連立方程式 (3.18) を解くことによって極値点の候補を決めることができる．しかし，点 (a, b) が式 (3.18) を満たすからといって必ずしも (a, b) が極値点とは限らない．つまり，式 (3.18) の解はあくまで極値点の候補を与えているに過ぎない．この候補が極値点であるか否かを判定するには他の基準が必要となる．ただし，次の例のように，曲線 $g(x, y) = 0$ が有限の領域にあれば，極値の候補点から最大値・最小値を求めることができる．

例 3.13

拘束条件 $x^2 + xy + y^2 = 1$ の下で，2 変数関数

$$f(x, y) = \frac{x^2}{2} + \frac{y^2}{2} + 6$$

の最大値と最小値を求めよ．

解

$F(x, y, \lambda) = \dfrac{x^2}{2} + \dfrac{y^2}{2} + 6 - \lambda(x^2 + xy + y^2 - 1)$ とおくと，

$F_\lambda = 0$ より　$x^2 + xy + y^2 = 1,$　　　　　　　　　　　　　　(1)

$F_x = 0$ より　$(2\lambda - 1)x + \lambda y = 0,$　　　　　　　　　　　　(2)

$F_y = 0$ より　$\lambda x + (2\lambda - 1)y = 0.$　　　　　　　　　　　　(3)

(1) より $(x, y) \neq (0, 0)$ である．さらに，(2), (3) が $(x, y) \neq (0, 0)$ という解をもつ条件は，

$$\begin{vmatrix} 2\lambda - 1 & \lambda \\ \lambda & 2\lambda - 1 \end{vmatrix} = 0.$$

ゆえに，$(2\lambda - 1)^2 - \lambda^2 = 0$ を解くことにより，$\lambda = \dfrac{1}{3}, 1.$

$\lambda = \dfrac{1}{3}$ のとき，(2) より $x = y$. これと (1) を連立して解けば，$(x, y) = \left(\pm\dfrac{1}{\sqrt{3}}, \pm\dfrac{1}{\sqrt{3}} \right)$　（複合同順）．

$$f\left(\pm\frac{1}{\sqrt{3}}, \pm\frac{1}{\sqrt{3}} \right) = \frac{19}{3}$$

$\lambda = 1$ のとき，(2) より $x = -y$. これと (1) を連立して解けば，$(x, y) = (\pm 1, \mp 1)$　（複合同順）．

$$f(\pm 1, \mp 1) = 7$$

一方，曲線 $C : x^2 + xy + y^2 = 1$ は閉曲線であるから，曲線 C 上で $f(x, y)$ は最大値と最小値をもつ．最大値，最小値は極値でもあるから，最大値は $f(\pm 1, \mp 1) = 7$, 最小値は $f\left(\pm\dfrac{1}{\sqrt{3}}, \pm\dfrac{1}{\sqrt{3}} \right) = \dfrac{19}{3}$.

解く！

拘束条件付き極値問題に慣れるために，以下の (a)〜(l) を埋めよう．

◆ 拘束条件 $x^2 + y^2 = 1$ の下で，2 変数関数 $f(x, y) = xy + 4$ の最大値と最小値を求めよ．◆

$F(x, y, \lambda) = \boxed{\text{(a)}} - \lambda \left(\boxed{\text{(b)}} \right)$ とおくと，

$F_\lambda = 0$ より　$\boxed{\text{(c)}} = 1,$　　　　　　　　　　　　　　(1)

$F_x = 0$ より　$\boxed{\text{(d)}} = 0,$　　　　　　　　　　　　　　(2)

$F_y = 0$ より　$\boxed{\text{(e)}} = 0.$　　　　　　　　　　　　　　(3)

(1) より $(x, y) \neq (0, 0)$ である．さらに，(2)，(3) が $(x, y) \neq (0, 0)$ を解にもつ条件は，

$$\boxed{\text{(f)}} = 0.$$

$$\therefore \quad \lambda = \pm \frac{1}{2}$$

$\lambda = \dfrac{1}{2}$ のとき，(2) より $\boxed{\text{(g)}}$．これと (1) を連立して解けば，

$$(x, y) = \left(\boxed{\text{(h)}} \right) \text{（複合同順）．} \quad f\left(\boxed{\text{(h)}} \right) = \boxed{\text{(i)}}$$

$\lambda = -\dfrac{1}{2}$ のとき，(2) より $\boxed{\text{(j)}}$．これと (1) を連立して解けば，

$$(x, y) = \left(\boxed{\text{(k)}} \right) \text{（複合同順）．} \quad f\left(\boxed{\text{(k)}} \right) = \boxed{\text{(l)}}$$

一方，曲線 $C : x^2 + y^2 = 1$ は閉曲線であるから，曲線 C 上で $f(x, y)$ は最大値と最小値をもつ．最大値，最小値は極値でもあるから，最大値は $f\left(\boxed{\text{(h)}} \right) = \boxed{\text{(i)}}$，最小値は $f\left(\boxed{\text{(k)}} \right) = \boxed{\text{(l)}}$．

答え

(a) $xy + 4$ (b) $x^2 + y^2 - 1$ (c) $x^2 + y^2$ (d) $-2\lambda x + y$

(e) $x - 2\lambda y$ (f) $\begin{vmatrix} -2\lambda & 1 \\ 1 & -2\lambda \end{vmatrix}$ (g) $x = y$ (h) $\pm\dfrac{1}{\sqrt{2}}, \pm\dfrac{1}{\sqrt{2}}$

(i) $\dfrac{9}{2}$ (j) $x = -y$ (k) $\pm\dfrac{1}{\sqrt{2}}, \mp\dfrac{1}{\sqrt{2}}$ (l) $\dfrac{7}{2}$

練習問題 3.5

[1] 次の 2 変数関数 $f(x, y)$ の極値を求めよ．

(1) $f(x, y) = xe^{-x^2 - y^2}$ (2) $f(x, y) = x^2 + \alpha xy + y^2 + \alpha x + \alpha y \ (\alpha \neq \pm 2)$

[2] O を中心とする半径 $\sqrt{2}$ の円に内接する三角形 ABC を考え，$x = \angle\text{AOB}, y = \angle\text{BOC}$ $(0 < x < \pi, 0 < y < \pi)$ とおく．三角形 ABC の面積 $f(x, y)$ について，次の問いに答えよ．

(1) $f(x, y)$ を x, y の式で表せ．   (2) $f(x, y)$ が最大になるときの x, y を求めよ．

[3] 点 $(5, -1)$ から曲線 $y = x^2$ 上の点までの最短距離を求めよ．

Coffee Break   **連立非線形方程式の解を求めるには**

2 変数関数 $f(x, y), g(x, y)$ が与えられているとき，連立方程式

$$f(x, y) = 0, \quad g(x, y) = 0 \tag{3.19}$$

を考える．連立方程式 (3.19) を解くことは，幾何学的には，2 曲線 $C_1 : f(x, y) = 0$ と $C_2 : g(x, y) = 0$ の交点を求めることに相当する．2 変数関数 $f(x, y), g(x, y)$ が共に x, y の 1 次式であれば，式 (3.19) は連立 1 次方程式であるから，その解は容易に求められる．しかし，$f(x, y)$ と $g(x, y)$ が高次多項式，三角関数，指数関数などを含む場合には，式

(3.19) は連立非線形方程式と呼ばれ，その解を求めるのは一般に容易ではない．ここで
は，連立非線形方程式の解を数値的に求める有効な手段の一つであるニュートン法を紹介
する．

ニュートン法は，ある初期点 (x_0, y_0) に対し，漸化式

$$\begin{pmatrix} x_{k+1} \\ y_{k+1} \end{pmatrix} = \begin{pmatrix} x_k \\ y_k \end{pmatrix} - \begin{pmatrix} f_x(x_k, y_k) & f_y(x_k, y_k) \\ g_x(x_k, y_k) & g_y(x_k, y_k) \end{pmatrix}^{-1} \begin{pmatrix} f(x_k, y_k) \\ g(x_k, y_k) \end{pmatrix} \quad (k = 0, 1, 2, \cdots) \quad (3.20)$$

を用いて点 (x_k, y_k) を順次生成することによって，解に収束する点列を生成するという方
法である．生成される点列は必ずしも解に収束するとは限らず，場合によっては発散する
ことさえある．しかしながら，厳密解の十分近くに初期点 (x_0, y_0) を設定すれば，点列
$(x_0, y_0), (x_1, y_1), (x_2, y_2), \cdots$ が厳密解に収束することが証明されている．

例として，

$$f(x, y) = 1 - \frac{5}{4}\left(x - \frac{1}{2}\right)^2 - y^2, \ g(x, y) = x - \left(y - \frac{1}{2}\right)^2$$

の場合の連立非線形方程式 (3.19) にニュートン法を適用してみよう．図 3.14 に漸化式
(3.20) によって決定された点列 $(x_0, y_0), (x_1, y_1), (x_2, y_2), (x_3, y_3), (x_4, y_4)$ を示す．ただ
し，初期点を $(x_0, y_0) = (0.2, 0.2)$ と仮定した．図 3.14 より分かるように，式 (3.20) によ
る更新をわずか 4 回行っただけで，式 (3.19) の近似解として十分な精度をもつものが得
られている．これは，(x_4, y_4) が 2 曲線 C_1, C_2 の交点に十分近いことから理解できるで
あろう．このように，ある初期点から始めて 式 (3.20) に従って更新を繰り返すことで，
連立非線形方程式の解の近似値を得ることができる．

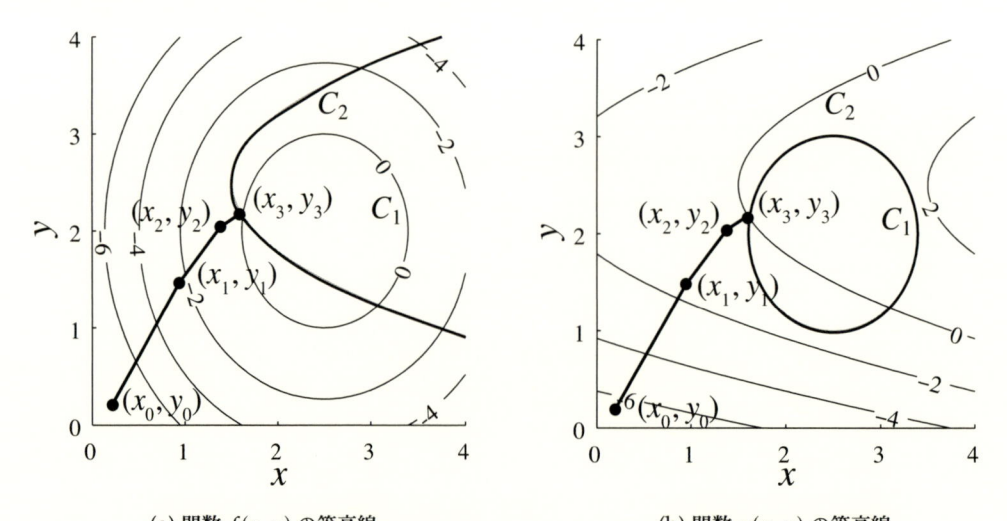

(a) 関数 $f(x, y)$ の等高線　　　　　　　(b) 関数 $g(x, y)$ の等高線

図 3.14　ニュートン法で求められた近似解の収束の様子．ただし，(x_4, y_4) は (x_3, y_3) とほと
んど重なっているため，区別がつかない．

第4章

多変数関数の積分法

本章では，多変数関数の積分法について述べる．まず，4.1 節では 2 重積分をリーマン和の極限として定義した後，4.2 節では 2 重積分を累次積分によって計算する．次に，4.3 節では変数変換を用いて 2 重積分の計算を簡単にする方法を導入し，4.4 節では発散する関数や半無限領域で定義された関数に対して広義積分を紹介する．最後に，4.5 節では多重積分の応用として立体の体積，曲面積の求積法と重心，慣性モーメントの計算法を解説する．なお，本章では主として 2 重積分を扱うが，本章の議論を拡張して n 重積分を考えるのは容易であろう．

4.1 2次元領域上の積分——2重積分

4.1.1 長方形領域上の2重積分

$f(x, y)$ を長方形領域 $R = \{(x, y)|a \leqq x \leqq b, c \leqq y \leqq d\}$ 上で定義された2変数関数とする. $a = x_0 < x_1 < \cdots < x_m = b$ を満たす $x_0, x_1, \ldots, x_m$ と $c = y_0 < y_1 < \cdots < y_n = d$ を満たす $y_0, y_1, \ldots, y_n$ によって領域 R を mn 個の小長方形 $\Delta_{ij} = \{(x, y)|x_{i-1} \leqq x \leqq x_i, y_{j-1} \leqq y \leqq y_j\}$ $(i = 1, 2, \ldots, m; j = 1, 2, \ldots, n)$ に分割し, 小長方形 Δ_{ij} 内に点 $P_{ij}(\alpha_i, \beta_j)$ を任意に選ぶ (図 4.1(a) 参照). このとき, 2つの集合 $\Delta = \{x_0, x_1, \ldots, x_m; y_0, y_1, \ldots, y_n\}$, $\Gamma = \{P_{11}, P_{12}, \ldots, P_{mn}\}$ を用いて総和

$$\sigma(\Delta, \Gamma) = \sum_{i=1}^{m} \sum_{j=1}^{n} f(\alpha_i, \beta_j)(x_i - x_{i-1})(y_j - y_{j-1})$$

を定義する. $\sigma(\Delta, \Gamma)$ は分割 Δ による関数 $f(x, y)$ のリーマン和と呼ばれる. 分割の細かさを特徴づける尺度として, 小長方形の辺の長さの最大値 $|\Delta| = \max\{\max_i(x_i - x_{i-1}), \max_j(y_j - y_{j-1})\}$ を用いると, 分割を細かくするとは $|\Delta| \to 0$ と表せる.

分割を限りなく細かくしたとき, リーマン和の極限値が存在するならば, すなわち, $\lim_{|\Delta| \to 0} \sigma(\Delta, \Gamma)$ が存在するならば, 関数 $f(x, y)$ は領域 R 上で (リーマン) 積分可能であるという. また, その極限値を $f(x, y)$ の R 上の2重積分または重積分と呼び, $\iint_R f(x, y)dxdy$ で表す. すなわち, 次式で関数 $f(x, y)$ の R 上の2重積分を定義する.

$$\lim_{|\Delta| \to 0} \sigma(\Delta, \Gamma) = \iint_R f(x, y)dxdy \tag{4.1}$$

上記定義 (4.1) より明らかなように, R 上で $f(x, y) \geqq 0$ のとき, $\sigma(\Delta, \Gamma)$ は底面を Δ_{ij}, 高さを $f(\alpha_i, \beta_j)$ とする直方体の体積の総和を示す (図 4.1(b) 参照). それゆえ, $f(x, y)$ の R 上の2重積分は立体 $K = \{(x, y, z) \mid (x, y) \in R, 0 \leqq z \leqq f(x, y)\}$ の体積を表す.

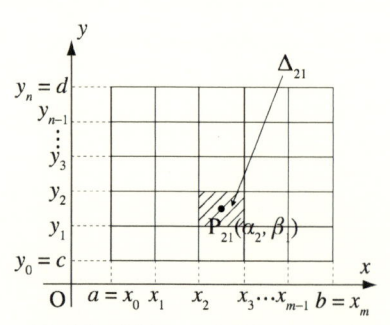

(a) 長方形領域 R の小長方形への分割

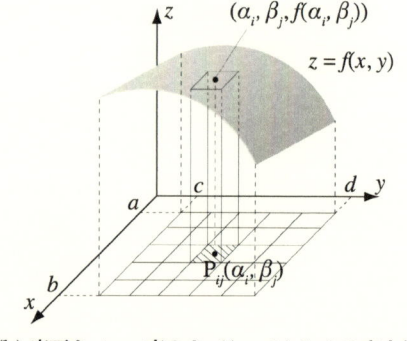

(b) 底面を Δ_{ij}, 高さを $f(\alpha_i, \beta_j)$ とする直方体

図 4.1 2変数関数 $z = f(x, y)$ の R 上の2重積分

4.1.2　長方形でない領域上の2重積分

xy 平面上の領域 D が有限な半径の円に含まれるとき，領域 D は有界であるという．有界な任意形状領域 D 上で2重積分を定義するために，

$$\chi_D(x, y) = \begin{cases} 1 & (x, y) \in D \\ 0 & (x, y) \notin D \end{cases}$$

とおく．この関数 $\chi_D(x, y)$ を D の特性関数という．領域 D を完全に含む長方形領域 R を導入し，R 上で定義された関数 $f_D(x, y) \equiv f(x, y)\chi_D(x, y)$ を考える．$f_D(x, y)$ が R 上で積分可能であるとき，$f(x, y)$ は D 上で積分可能であるという．また，2重積分 $\iint_R f_D(x, y)dxdy$ の値を $f(x, y)$ の D 上の2重積分または重積分と呼び，$\iint_D f(x, y)dxdy$ で表す．すなわち，次式で関数 $f(x, y)$ の D 上の2重積分を定義する．

$$\iint_R f(x, y)\chi_D(x, y)dxdy = \iint_D f(x, y)dxdy \tag{4.2}$$

xy 平面内の有界領域 D の各点を通り，z 軸に平行な直線全体が作る立体を D を底とする直柱という．上記定義 (4.2) より明らかなように，D 上で $f(x, y) \geqq 0$ のとき，$f(x, y)$ の D 上の2重積分は D を底とする直柱の表面，曲面 $z = f(x, y)$ と平面 $z = 0$ によって囲まれる立体の体積を示している（図 4.2 参照）．

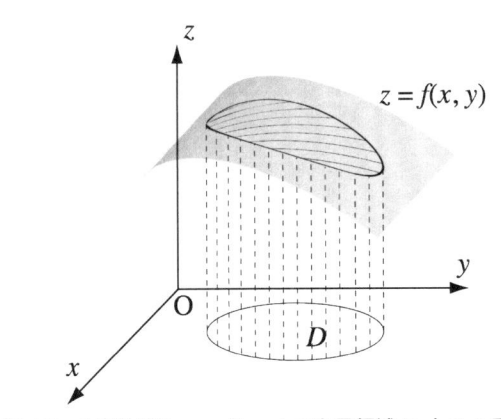

図 4.2　2変数関数 $z = f(x, y)$ の有界領域 D 上の2重積分

関数 $f(x, y)$ が領域 D 上で積分可能になることを保証しているのが，次の定理である．

定理

関数 $f(x, y)$ が有界領域 D 上で連続であれば，D 上で積分可能である．

上記定義より導かれる2重積分の重要な性質を以下に挙げておく．

公式

関数 $f(x, y), g(x, y)$ が有界領域 D で連続であるとき，定数 c に対して，次の公式が成り立つ.

$$\iint_D \{f(x, y) + g(x, y)\}dxdy = \iint_D f(x, y)dxdy + \iint_D g(x, y)dxdy$$

$$\iint_D cf(x, y)dxdy = c\iint_D f(x, y)dxdy$$

D を境界以外に共有点をもたない 2 つの領域 D_1 と D_2 に分けるとき，

$$\iint_D f(x, y)dxdy = \iint_{D_1} f(x, y)dxdy + \iint_{D_2} f(x, y)dxdy$$

一般に，多変数関数の積分を多重積分といい，n 変数関数の積分を n 重積分という．3 重積分でも n 重積分でも，2 重積分と基本的な考え方は変わらないため，本章では，一部を除いて 2 重積分を扱う.

4.2　基本は既習の積分の繰り返し——2 重積分の計算

4.2.1　累次積分

xy 平面上の単一閉曲線[1]C が y 軸に平行な直線と高々 2 点でしか交わらない場合，C によって囲まれる領域 D を考える（図 4.3(a) 参照）．y 軸に平行な直線 $x = t$ と閉曲線 C との交点の y 座標と $Y_1(t), Y_2(t) (Y_1(t) \leqq Y_2(t))$ とし，曲線 C 上の点の x 座標の最小，最大値をそれぞれ a, b とすると，領域 D は $D = \{(x, y) \mid a \leqq x \leqq b, Y_1(x) \leqq y \leqq Y_2(x)\}$ と表すことができる．このとき，連続関数 $f(x, y)$ の D 上での 2 重積分は次式で計算できる.

$$\iint_D f(x, y)dxdy = \int_a^b \left\{ \int_{Y_1(x)}^{Y_2(x)} f(x, y)dy \right\} dx \tag{4.3}$$

すなわち，x を $a \leqq x \leqq b$ に固定して定積分 $F(x) = \displaystyle\int_{Y_1(x)}^{Y_2(x)} f(x, y)dy$ を求めた後，定積分 $\displaystyle\int_a^b F(x)dx$ を計算すれば，2 重積分 $\displaystyle\iint_D f(x, y)dxdy$ が得られるのである．換言すれば，2 重積分が 2 回の 1 重積分の計算に帰着されたことになる．この意味から，式 (4.3) の右辺を累次積分または逐次積分といい，その値を $\displaystyle\int_a^b dx \int_{Y_1(x)}^{Y_2(x)} f(x, y)dy$ で表す.

xy 平面上の単一閉曲線 C が x 軸に平行な直線と高々 2 点でしか交わらない場合（図 4.3(b) 参照），閉曲線 C で囲まれる領域 D 上の 2 重積分にも累次積分が適用できる．この場合，領域 D は，$D = \{(x, y) \mid X_1(y) \leqq x \leqq X_2(y), c \leqq y \leqq d\}$ と表すことができ，連続関数 $f(x, y)$ の

1　始点と終点が一致する曲線を閉曲線という．特に，自分自身と交わらない閉曲線は単一閉曲線と呼ばれる．例えば，楕円は単一閉曲線であるが，無限大記号 ∞ は単一閉曲線ではない.

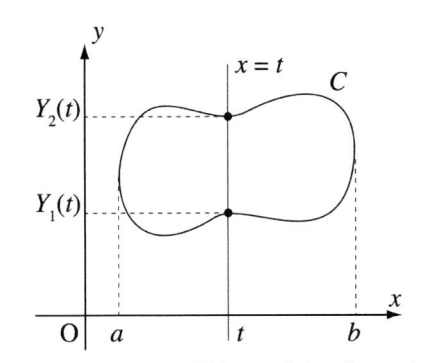
(a) 直線 $x = t$ と閉曲線 C の交点は高々 2 点

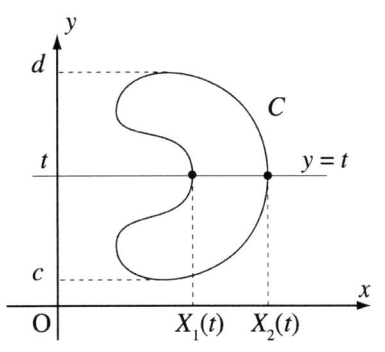
(b) 直線 $y = t$ と閉曲線 C の交点は高々 2 点

図 4.3 x 軸または y 軸に平行な直線と高々 2 点でしか交わらない閉曲線 C

D 上での 2 重積分は次式で計算できる.

$$\iint_D f(x, y)dxdy = \int_c^d \left\{ \int_{X_1(y)}^{X_2(y)} f(x, y)dx \right\} dy \tag{4.4}$$

なお,式 (4.4) の右辺は $\int_c^d dy \int_{X_1(y)}^{X_2(y)} f(x, y)dx$ と略記される.

x 軸と y 軸に平行な 2 辺をもつ長方形領域 $D = \{(x, y) \mid a \leqq x \leqq b, c \leqq y \leqq d\}$ を対象とする場合には,次式が成り立つ.

$$\iint_D f(x, y)dxdy = \int_a^b dx \int_c^d f(x, y)dy = \int_c^d dy \int_a^b f(x, y)dx \tag{4.5}$$

特に,被積分関数が $f(x, y) = g(x)h(y)$ のように x のみの関数と y のみの関数の積で書き表せる場合には,次式が成り立つ.

$$\iint_D f(x, y)dxdy = \int_a^b g(x)dx \cdot \int_c^d h(y)dy \tag{4.6}$$

例 4.1

領域 $D = \{(x, y) \mid 0 \leqq x \leqq 1, 1 \leqq y \leqq 2\}$ に対して,次の 2 重積分を求めよ.

(1) $\displaystyle\iint_D (x + y)dxdy$ (2) $\displaystyle\iint_D e^{ax+by}dxdy \ (ab \neq 0)$

解
(1)

$$\text{与式} = \int_1^2 dy \int_0^1 (x + y)dx = \int_1^2 \left[\frac{1}{2}x^2 + xy \right]_0^1 dy$$

$$= \int_1^2 \left(\frac{1}{2} + y \right) dy = \left[\frac{1}{2}y + \frac{1}{2}y^2 \right]_1^2 = 2$$

(2)

$$\text{与式} \overset{(4.6)}{=} \int_0^1 e^{ax}dx \cdot \int_1^2 e^{by} dy = \left[\frac{1}{a}e^{ax} \right]_0^1 \cdot \left[\frac{1}{b}e^{by} \right]_1^2 = \frac{e^b}{ab}(e^a - 1)(e^b - 1)$$

別解

(1)

$$
\begin{aligned}
\text{与式} &= \int_0^1 dx \int_1^2 (x + y)\,dy = \int_0^1 \left[xy + \frac{1}{2}y^2 \right]_1^2 dx \\
&= \int_0^1 \left(x + \frac{3}{2} \right) dx = \left[\frac{1}{2}x^2 + \frac{3}{2}x \right]_0^1 = 2
\end{aligned}
$$

解く！

2 重積分の計算に慣れるために，以下の (1)(a)〜(d)，(2)(a)〜(d) を埋めよう．

◆次の 2 重積分を求めよ．

(1) $\displaystyle\iint_D \sin \pi(x + y)\,dxdy,\ D = \left\{ (x, y) \mid 0 \leqq x \leqq \frac{1}{4},\ 0 \leqq y \leqq \frac{1}{4} \right\}$

(2) $\displaystyle\iint_D \sqrt{\frac{1 - x^2}{y^2 + 1}}\,dxdy, D = \{ (x, y) \mid 0 \leqq x \leqq 1, 0 \leqq y \leqq 1 \}$ ◆

(1)

$$
\text{与式} = \int_0^{1/4} dy \int_0^{1/4} \sin \pi(x + y)\,dx = \int_0^{1/4} \Big[\boxed{\text{(a)}} \Big]_0^{1/4} dy = \frac{1}{\pi} \int_0^{1/4} \left(\cos \pi y - \boxed{\text{(b)}} \right) dy
$$

$$
= \frac{1}{\pi} \left[\frac{1}{\pi} \sin \pi y - \boxed{\text{(c)}} \right]_0^{1/4} = \boxed{\text{(d)}}
$$

(2)

$$
\text{与式} \overset{(4.6)}{=} \int_0^1 \boxed{\text{(a)}}\,dx \cdot \int_0^1 \frac{dy}{\sqrt{y^2 + 1}} = \Big[\boxed{\text{(b)}} \Big]_0^1 \cdot \Big[\boxed{\text{(c)}} \Big]_0^1 = \boxed{\text{(d)}}
$$

答え

(1) (a) $-\dfrac{1}{\pi} \cos \pi(x + y)$ (b) $\cos \pi \left(y + \dfrac{1}{4} \right)$ (c) $\dfrac{1}{\pi} \sin \pi \left(y + \dfrac{1}{4} \right)$

(d) $\dfrac{1}{\pi^2} (\sqrt{2} - 1)$

(2) (a) $\sqrt{1 - x^2}$ (b) $\dfrac{1}{2} \left(x\sqrt{1 - x^2} + \operatorname{Arcsin} x \right)$ (c) $\log |y + \sqrt{y^2 + 1}|$

(d) $\dfrac{\pi}{4} \log(1 + \sqrt{2})$

例 4.2

領域 $D = \{ (x, y) \mid 0 \leqq x \leqq 1, 0 \leqq y \leqq x \}$ に対して，2 重積分 $I = \displaystyle\iint_D (x + y)\,dxdy$ を求めよ．

解

$$I = \int_0^1 dx \int_0^x (x + y)\,dy = \int_0^1 \left[xy + \frac{1}{2}y^2 \right]_0^x dx = \frac{3}{2}\int_0^1 x^2 dx = \left[\frac{1}{2}x^3 \right]_0^1 = \frac{1}{2}$$

解く！

2重積分の計算に慣れるため，以下の (a)〜(e) を埋めよう．

◆領域 $D = \{(x, y) \mid y^2 \leqq x \leqq 2\}$ に対して，2重積分 $I = \iint_D (x - y)dxdy$ を求めよ． ◆

積分領域 D を図示すると，図 4.4 のようになる．図 4.4 を参考にすれば，領域 D は

$$D = \{(x, y) \mid y^2 \leqq x \leqq 2,\ -\boxed{\text{(a)}} \leqq y \leqq \boxed{\text{(a)}}\}$$

と表せるから，

$$I = \int_{-\boxed{\text{(a)}}}^{\boxed{\text{(a)}}} dy \int_{y^2}^2 (x - y)dx = \int_{-\boxed{\text{(a)}}}^{\boxed{\text{(a)}}} \left[\boxed{\text{(b)}} \right]_{y^2}^2 dy = \int_{-\boxed{\text{(a)}}}^{\boxed{\text{(a)}}} \left(\boxed{\text{(c)}} \right) dy$$

$$\overset{(2.23)}{=} 2 \int_0^{\boxed{\text{(a)}}} \left(\boxed{\text{(d)}} \right) dy = \boxed{\text{(e)}}$$

答え

(a) $\quad \sqrt{2}$ (b) $\quad \frac{1}{2}x^2 - xy$ (c) $\quad -\frac{1}{2}y^4 + y^3 - 2y + 2$ (d) $\quad -\frac{1}{2}y^4 + 2$

(e) $\quad \frac{16}{5}\sqrt{2}$

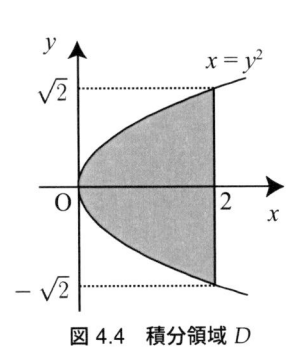

図 4.4　積分領域 D

4.2.2　積分順序の変更

次の 2重積分 $I = \int_0^4 dx \int_0^{\sqrt{x}} \frac{dy}{y + 1}$ を考えてみよう．まず，

$$\int_0^{\sqrt{x}} \frac{dy}{y + 1} = \left[\log |y + 1| \right]_0^{\sqrt{x}} = \log \left(\sqrt{x} + 1 \right)$$

であるから，

$$I = \int_0^4 \log\left(\sqrt{x} + 1\right) dx.$$

部分積分と置換積分を組み合わせれば，上式の右辺の定積分は計算できるが，簡単とはいい難い．

　次に，積分順序を変更して I を計算してみよう．積分領域 $D = \{(x, y) \mid 0 \leqq x \leqq 4, 0 \leqq y \leqq \sqrt{x}\}$ は，$D = \{(x, y) \mid y^2 \leqq x \leqq 4, 0 \leqq y \leqq 2\}$ とも表せるから（図 4.5 参照），

$$I = \int_0^2 dy \int_{y^2}^4 \frac{dx}{y+1} = \int_0^2 \left[\frac{x}{y+1}\right]_{y^2}^4 dy$$

$$= \int_0^2 \left(-y + 1 + \frac{3}{y+1}\right) dy = \left[-\frac{1}{2}y^2 + y + 3\log|y+1|\right]_0^2 = 3\log 3$$

が得られる．

　上記の例のように，問題によっては，積分順序を入れ替えることによって計算が容易になることがある．ここで，積分順序の変更が可能になるのは，積分領域がある特殊な形状をしている場合に限られることに注意しなければならない．すなわち，単一閉曲線 C が x 軸に平行な直線や y 軸に平行な直線と高々 2 点でしか交わらないとき，曲線 C で囲まれる領域上の 2 重積分は，累次積分の積分順序を変更できるのである．

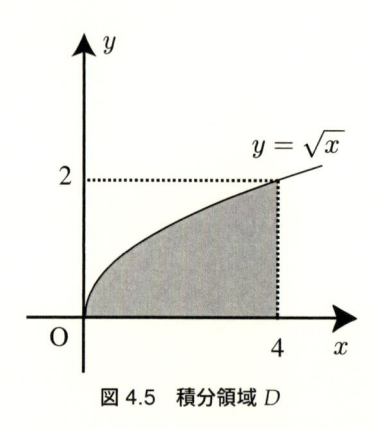

図 4.5　積分領域 D

例 4.3

積分順序を変更することにより，2 重積分 $I = \int_1^{e^2} dx \int_0^{\log x} x^2 y \, dy$ を求めよ．

解

　積分領域 $D = \{(x, y) \mid 1 \leqq x \leqq e^2, 0 \leqq y \leqq \log x\}$ を図示すると，図 4.6 のようになる．図 4.6 を参考にすれば，$D = \{(x, y) \mid e^y \leqq x \leqq e^2, 0 \leqq y \leqq 2\}$ と表せるから，

$$I = \int_0^2 dy \int_{e^y}^{e^2} x^2 y \, dx = \int_0^2 y \left[\frac{x^3}{3}\right]_{e^y}^{e^2} dy$$

$$= \frac{e^6}{3} \int_0^2 y \, dy - \frac{1}{3} \int_0^2 y e^{3y} \, dy.$$

一方，

$$\int_0^2 y \, dy = \frac{1}{2} \left[y^2 \right]_0^2 = 2,$$

$$\int_0^2 y e^{3y} \, dy = \int_0^2 \left(\frac{1}{3} e^{3y} \right)' y \, dy = \left[\frac{1}{3} y e^{3y} \right]_0^2 - \frac{1}{3} \int_0^2 e^{3y} dy = \frac{5}{9} e^6 + \frac{1}{9}.$$

$$\therefore \quad I = \frac{1}{27}(13 e^6 - 1)$$

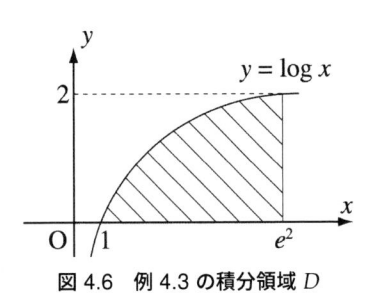

図 4.6　例 4.3 の積分領域 D

解く！

積分順序の変更方法に慣れるため，以下の (a)〜(f) を埋めよう．

◆積分順序を変更することにより，2 重積分 $I = \int_0^1 dx \int_x^1 \dfrac{x}{y^3 + 1} \, dy$ を求めよ．◆

図 4.7 に積分領域 $D = \{(x, y) \mid 0 \leqq x \leqq 1, x \leqq y \leqq 1\}$ を示す．図 4.7 を参考にすれば，領域 D は，

$$D = \{(x, y) \mid \boxed{(a)} \leqq x \leqq \boxed{(b)}, 0 \leqq y \leqq 1\}.$$

$$\therefore \quad I = \int_0^1 dy \int_{\boxed{(a)}}^{\boxed{(b)}} \frac{x}{y^3 + 1} dx = \int_0^1 \frac{y^{\boxed{(c)}}}{2(y^3 + 1)} \, dy$$

$$= \boxed{(d)} \int_0^1 \frac{(y^3 + 1)'}{(y^3 + 1)} \, dy = \boxed{(d)} \left[\boxed{(e)} \right]_0^1 = \boxed{(f)}$$

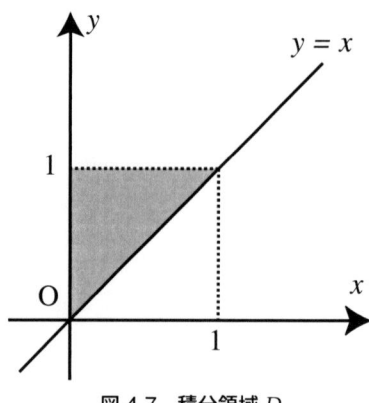

図 4.7　積分領域 D

答え

(a)　0　　　(b)　y　　　(c)　2　　　(d)　$\dfrac{1}{6}$　　　(e)　$\log(y^3 + 1)$

(f)　$\dfrac{1}{6}\log 2$

練習問題 4.1

[1]　次の 2 重積分を求めよ.

(1)　$\displaystyle\iint_D (x^2 + y^2)dxdy$, $D = \{(x, y) \mid 0 \leqq x \leqq 1, 0 \leqq y \leqq 1\}$

(2)　$\displaystyle\iint_D xe^y dxdy$, $D = \{(x, y) \mid 1 \leqq x \leqq 2, 0 \leqq y \leqq 1\}$

(3)　$\displaystyle\iint_D xy\, dxdy$, $D = \{(x, y) \mid 1 \leqq x \leqq 3, 2 \leqq y \leqq 3\}$

(4)　$\displaystyle\iint_D x^2 \sin \pi y\, dxdy$, $D = \left\{(x, y) \mid 1 \leqq x \leqq 2, 0 \leqq y \leqq \dfrac{1}{2}\right\}$

[2]　次の 2 重積分を求めよ.

(1)　$\displaystyle\iint_D y^2 dxdy$, $D = \{(x, y) \mid 0 \leqq x \leqq 3y, 1 \leqq y \leqq 2\}$

(2)　$\displaystyle\iint_D \dfrac{dxdy}{x}$, $D = \{(x, y) \mid 1 \leqq x \leqq 2, x^2 \leqq y \leqq x + 2\}$

(3)　$\displaystyle\iint_D (x + y)^2\, dxdy$, $D = \{(x, y) \mid x \geqq 0, y \geqq 0, x + y \leqq 1\}$

(4)　$\displaystyle\iint_D x^2 \sqrt{y}\, dxdy$, $D = \{(x, y) \mid x^2 + y^2 \leqq y\}$

(5)　$\displaystyle\iint_D r \sin \theta\, drd\theta$, $D = \left\{(r, \theta) \mid 0 \leqq \theta \leqq \dfrac{\pi}{2}, 0 \leqq r \leqq \cos \theta\right\}$

[3]　積分順序を変更することにより，次の 2 重積分を求めよ.

(1)　$\displaystyle\int_0^2 dx \int_x^2 e^{-y^2}\, dy$　　　(2)　$\displaystyle\int_0^1 dx \int_{x^2}^1 \dfrac{x}{y^2 + 1} \log(y^2 + 1)\, dy$

4.3 重積分における置換積分——変数変換

4.3.1 変数変換

第2章では，積分変数を変更することによって積分の計算を容易にする置換積分を解説した．これに対して，被積分関数が2変数関数 $f(x, y)$ となる場合は，変数のペア (x, y) を別のペア (u, v) で置き換えることにより積分の計算を簡単にできる場合がある．この変数の置き換えを変数変換という．

uv 平面上の領域 D' から xy 平面上の領域 D への変換が与えられているとする．領域 D' に属する任意の2点 $(u_1, v_1), (u_2, v_2)$ に対して，

$$(u_1, v_1) \neq (u_2, v_2) \Longrightarrow (x(u_1, v_1), y(u_1, v_1)) \neq (x(u_2, v_2), y(u_2, v_2))$$

が成り立つとき，領域 D' から領域 D への変換は1対1であるという．D 内の任意点 (x, y) の座標が2変数 u, v の C^1 級の関数として，

$$x = x(u, v), y = y(u, v)$$

と書くことができるとき，領域 D' から領域 D への変換が1対1であるための条件は，

$$\frac{\partial(x, y)}{\partial(u, v)} \equiv \begin{vmatrix} \frac{\partial x}{\partial u} & \frac{\partial x}{\partial v} \\ \frac{\partial y}{\partial u} & \frac{\partial y}{\partial v} \end{vmatrix} = \frac{\partial x}{\partial u}\frac{\partial y}{\partial v} - \frac{\partial x}{\partial v}\frac{\partial y}{\partial u} \neq 0$$

と表せる．ここで，$\dfrac{\partial(x, y)}{\partial(u, v)}$ は変換のヤコビアンと呼ばれる．

上記の変換を用いれば，2重積分はどのように表されるであろうか？

定理

uv 平面上の領域 D' から xy 平面上の領域 D への1対1対応が $x = x(u, v), y = y(u, v)$ によって与えられている．関数 $x(u, v), y(u, v)$ が C^1 級であり，かつ，関数 $f(x, y)$ が D 上で連続であるならば，次式が成立する．

$$\iint_D f(x, y) dx dy = \iint_{D'} f(x(u, v), y(u, v)) \left| \frac{\partial(x, y)}{\partial(u, v)} \right| du dv \tag{4.7}$$

式 (4.7) を用いれば，xy 平面内の領域 D 上の積分が uv 平面内の領域 D' 上の積分に置き換えられる．

例 4.4

領域 $D = \{(x, y) \mid 0 \leqq x - y \leqq 1, \ 0 \leqq x + y \leqq 1\}$ に対して，2重積分 $I = \displaystyle\iint_D x dx dy$ を求めよ．

方針 図4.8より分かるように，領域 D は直線 $x = 1/2$ を境にして，境界の方程式が変わる．それゆえ，直線 $x = 1/2$ によって D を2つの領域に分割してから積分を行わなければならない．そこで，$x - y = u, x + y = v$ によって変数変換を行う．

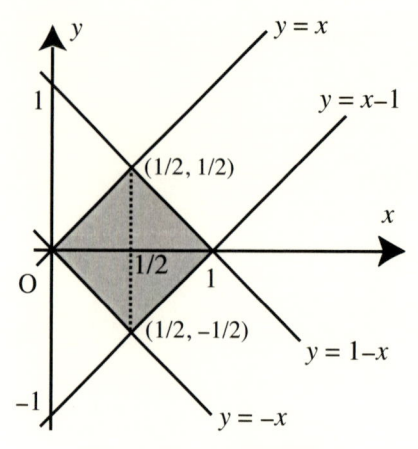

図 4.8　例 4.4 の積分領域 D

解

$x - y = u, x + y = v$ とおくと，D に対応する領域は $D' = \{(u, v) \mid 0 \leqq u \leqq 1,\ 0 \leqq v \leqq 1\}$ となる．また，$x = \dfrac{u + v}{2},\ y = \dfrac{-u + v}{2}$ であるから，

$$\frac{\partial(x, y)}{\partial(u, v)} = \begin{vmatrix} \frac{\partial x}{\partial u} & \frac{\partial x}{\partial v} \\ \frac{\partial y}{\partial u} & \frac{\partial y}{\partial v} \end{vmatrix} = \begin{vmatrix} 1/2 & 1/2 \\ -1/2 & 1/2 \end{vmatrix} = \frac{1}{2} \neq 0.$$

$$\therefore\quad I = \iint_D x\, dxdy = \iint_{D'} \frac{u + v}{2} \cdot \frac{1}{2}\, dudv = \int_0^1 du \int_0^1 \frac{u + v}{4}\, dv = \frac{1}{4}$$

解く！

変数変換を用いた 2 重積分の計算に慣れるため，以下の (a)〜(m) を埋めよう．

◆変換 $x + y = u,\ x - y = v$ によって，xy 平面内の領域 $D = \{(x, y) \mid 1 \leqq x + y \leqq 2, 3 \leqq x - y \leqq 4\}$ に対応する uv 平面内の領域を D' とするとき，次の問いに答えよ．

(1)　xy 平面内の領域 D を図示せよ．

(2)　uv 平面内の領域 D' を図示せよ．

(3)　変数変換を用いて，$I = \displaystyle\iint_D (x^2 - y^2)dxdy$ を求めよ．　◆

(1)　積分領域 D を図示すると，$\boxed{\text{(a)}}$．図 4.9(a) より分かるように，領域 D は $x = 5/2$ を境にして，境界の方程式が変わる．それゆえ，直線 $x = 5/2$ によって領域 D を 2 つに分割し，各々の領域で積分を計算する必要がある．

(2)　領域 D に対応する領域 D' は $D' = \{(u, v) \mid \boxed{\text{(b)}} \leqq u \leqq \boxed{\text{(c)}},\ \boxed{\text{(d)}} \leqq v \leqq \boxed{\text{(e)}}\}$ となる．領域 D' を図示すると，$\boxed{\text{(f)}}$．

(3)　x, y を u, v の式で表すと，$x = \boxed{\text{(g)}}$，$y = \boxed{\text{(h)}}$ となるから，

$$\frac{\partial(x, y)}{\partial(u, v)} = \left\| \boxed{\text{(i)}} \right\| = \boxed{\text{(j)}}.$$

$$\therefore \quad I = \iint_{D'} uv \left| \frac{\partial(x,y)}{\partial(u,v)} \right| dudv \overset{(4.6)}{=} \frac{1}{2} \int_1^2 \boxed{(k)} \, du \cdot \int_3^4 \boxed{(l)} \, dv = \boxed{(m)}$$

答え

(a) 図 4.9(a)　　(b)　1　　(c)　2　　(d)　3　　(e)　4

(f) 図 4.9(b)　　(g)　$(u+v)/2$　　(h)　$(u-v)/2$　　(i)　$\begin{matrix} 1/2 & 1/2 \\ 1/2 & -1/2 \end{matrix}$

(j)　$-1/2$　　(k)　u　　(l)　v　　(m)　$21/8$

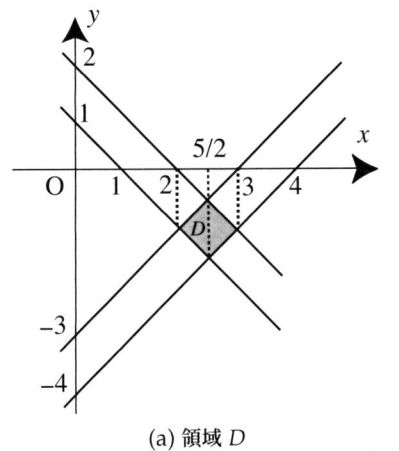

(a) 領域 D

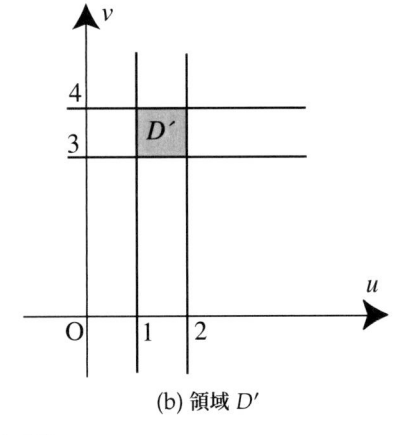

(b) 領域 D'

図 4.9　領域 D と D'

4.3.2　極座標変換

第 2 章で説明した極座標 (r,θ) とデカルト座標 (x,y) との間には,

$$x = r\cos\theta, \; y = r\sin\theta \tag{4.8}$$

の関係が成り立つ. このとき, 変換のヤコビアンは

$$\frac{\partial(x,y)}{\partial(r,\theta)} = \begin{vmatrix} \frac{\partial x}{\partial r} & \frac{\partial x}{\partial \theta} \\ \frac{\partial y}{\partial r} & \frac{\partial y}{\partial \theta} \end{vmatrix} = \begin{vmatrix} \cos\theta & -r\sin\theta \\ \sin\theta & r\cos\theta \end{vmatrix} = r$$

であるから, $r \neq 0$ のとき, $\partial(x,y)/\partial(r,\theta) \neq 0$ となる. すなわち, 原点を除いて (x,y) と (r,θ) は 1 対 1 に対応する.

> **公式**
>
> 極座標変換 (4.8) によって $r\theta$ 平面上の領域 Π が xy 平面上の領域 D に対応するとき, 次式が成立する.
>
> $$\iint_D f(x,y)dxdy = \iint_\Pi f(r\cos\theta, r\sin\theta)rdrd\theta \tag{4.9}$$

129

例 4.5

極座標変換を用いて，次の 2 重積分を求めよ．

(1) $\quad I = \iint_D \sqrt{x^2 + y^2}\, dxdy,\ D = \{(x, y) \mid 1 \leqq x^2 + y^2 \leqq 9\}$

(2) $\quad I = \iint_D y\, dxdy,\ D = \{(x, y) \mid x^2 + y^2 \leqq x, y \geqq 0\}$

解

(1) 領域 D は図 4.10(a) に示されるドーナツ形となり，極座標変換によって，$\Pi = \{(r, \theta) \mid 1 \leqq r \leqq 3,\ 0 \leqq \theta < 2\pi\}$ と対応する (図 4.10(b) 参照)．さらに，被積分関数は $\sqrt{x^2 + y^2} = r$ となるから，

$$I = \iint_\Pi r \cdot r\, drd\theta \overset{(4.6)}{=} \int_0^{2\pi} d\theta \cdot \int_1^3 r^2 dr = 2\pi \left[\frac{1}{3}r^3\right]_1^3 = \frac{52}{3}\pi.$$

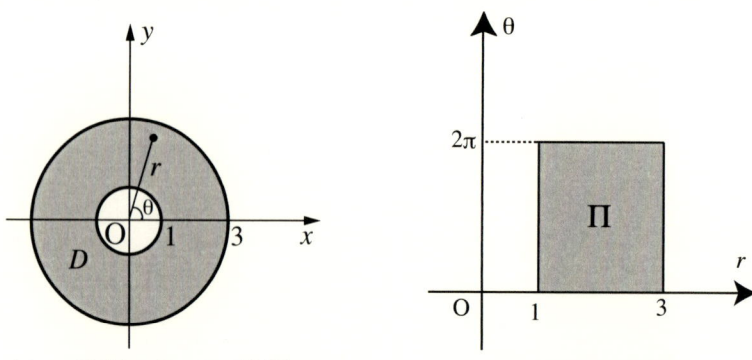

(a) xy 平面内のドーナツ形領域 D 　　　　(b) $r\theta$ 平面内の領域 Π

図 4.10　例 4.5(1) における領域 D と平面内の領域 Π の対応関係

(2) 図 4.11 に積分領域 D を示す．図 4.11 より，$0 \leqq \theta \leqq \pi/2$ である．さらに，$x^2 + y^2 \leqq x$ に $x = r\cos\theta,\ y = r\sin\theta$ を代入すると，$r \leqq \cos\theta$．ゆえに，D に対応する $r\theta$ 平面内の領域は $\Pi = \{(r, \theta) \mid 0 \leqq r \leqq \cos\theta,\ 0 \leqq \theta \leqq \pi/2\}$ となる (図 4.11(b) 参照).

$$\therefore \quad I = \iint_\Pi (r\sin\theta)\, rdrd\theta = \int_0^{\pi/2} d\theta \int_0^{\cos\theta} r^2 \sin\theta\, dr$$

$$= \frac{1}{3}\int_0^{\pi/2} \sin\theta \cos^3\theta\, d\theta = -\frac{1}{3}\int_0^{\pi/2} \cos^3\theta(\cos\theta)'d\theta$$

$$= -\frac{1}{12}\left[\cos^4\theta\right]_0^{\pi/2} = \frac{1}{12}$$

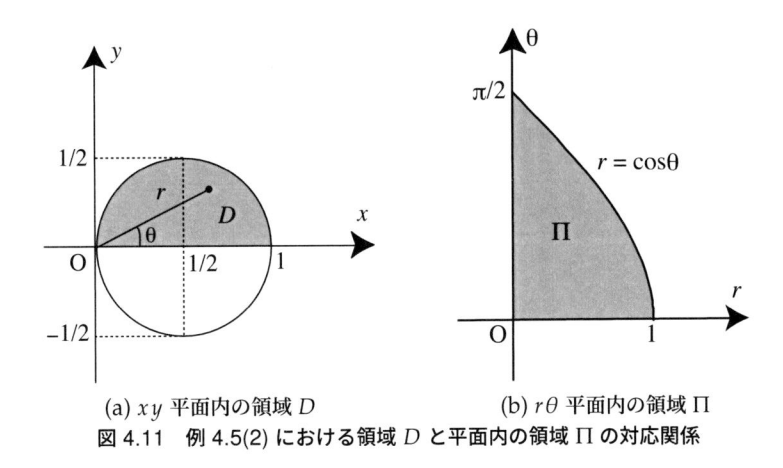

(a) xy 平面内の領域 D (b) $r\theta$ 平面内の領域 Π

図 4.11　例 4.5(2) における領域 D と平面内の領域 Π の対応関係

解く!

極座標変換を用いた 2 重積分の計算に慣れるため，以下の (a)〜(e) を埋めよう．

◆極座標変換を応用して，次の 2 重積分を求めよ．

$I = \iint_D (x^2 - y^2)dxdy, \ D = \{(x, y) \mid x^2 + 4y^2 \leqq 1\}$ ◆

$x = r\cos\theta, \ y = \boxed{\text{(a)}}$ とおくと，領域 D は $\Pi = \{(r, \theta) \mid 0 \leqq r \leqq 1, \ 0 \leqq \theta < 2\pi\}$ に変換され

る．このとき，$x^2 - y^2 = \dfrac{r^2}{4}(\boxed{\text{(b)}}\cos^2\theta - 1)$ であり，変換のヤコビアンは

$$\frac{\partial(x, y)}{\partial(r, \theta)} = \begin{vmatrix} x_r & x_\theta \\ y_r & y_\theta \end{vmatrix} = \begin{vmatrix} \cos\theta & -r\sin\theta \\ \frac{1}{2}\sin\theta & \frac{1}{2}r\cos\theta \end{vmatrix} = \boxed{\text{(c)}} r$$

となる．

$$\therefore \quad I = \iint_\Pi \frac{r^2}{4}\left(\boxed{\text{(b)}}\cos^2\theta - 1\right) \cdot \boxed{\text{(c)}} rdrd\theta$$

$$\overset{(4.6)}{=} \frac{\boxed{\text{(c)}}}{4} \int_0^1 r^3 dr \cdot \int_0^{2\pi} \frac{3 + \boxed{\text{(b)}}\cos 2\theta}{2}d\theta$$

$$= \frac{\boxed{\text{(c)}}}{4}\left[\frac{1}{4}r^4\right]_0^1 \left[\frac{1}{2}(3\theta + \boxed{\text{(d)}})\right]_0^{2\pi} = \boxed{\text{(e)}}$$

答え

(a)　$\dfrac{1}{2}r\sin\theta$　　(b)　5　　(c)　$\dfrac{1}{2}$　　(d)　$\dfrac{5}{2}\sin 2\theta$　　(e)　$\dfrac{3}{32}\pi$

4.3.3　3 次元極座標変換（球座標変換）

空間内の点 $P(x, y, z)$ から xy 平面に下した垂線の足を Q とする（図 4.12 参照）．線分 OP の長さを ρ，$\overrightarrow{OP}$ と z 軸のなす角を $\theta\,(0 \leqq \theta \leqq \pi)$，$\overrightarrow{OQ}$ と x 軸のなす角を $\phi\,(0 \leqq \phi < 2\pi)$ とすると，デカルト座標 (x, y, z) と (ρ, θ, ϕ) には，

$$x = \rho \sin\theta \cos\phi, \ y = \rho \sin\theta \sin\phi, \ z = \rho \cos\theta \tag{4.10}$$

の関係が成立する．このとき，変換のヤコビアンは

$$\frac{\partial(x, y, z)}{\partial(\rho, \theta, \phi)} = \begin{vmatrix} \frac{\partial x}{\partial \rho} & \frac{\partial x}{\partial \theta} & \frac{\partial x}{\partial \phi} \\ \frac{\partial y}{\partial \rho} & \frac{\partial y}{\partial \theta} & \frac{\partial y}{\partial \phi} \\ \frac{\partial z}{\partial \rho} & \frac{\partial z}{\partial \theta} & \frac{\partial z}{\partial \phi} \end{vmatrix} = \begin{vmatrix} \sin\theta\cos\phi & \rho\cos\theta\cos\phi & -\rho\sin\theta\sin\phi \\ \sin\theta\sin\phi & \rho\cos\theta\sin\phi & \rho\sin\theta\cos\phi \\ \cos\theta & -\rho\sin\theta & 0 \end{vmatrix}$$
$$= \rho^2 \sin\theta$$

であるから，$\rho^2 \sin\theta \neq 0$ のとき $\partial(x, y, z)/\partial(\rho, \theta, \phi) \neq 0$ となる．すなわち，z 軸上を除いて (x, y, z) と (ρ, θ, ϕ) は 1 対 1 に対応する．(ρ, θ, ϕ) を点 P の 3 次元極座標または球座標という．

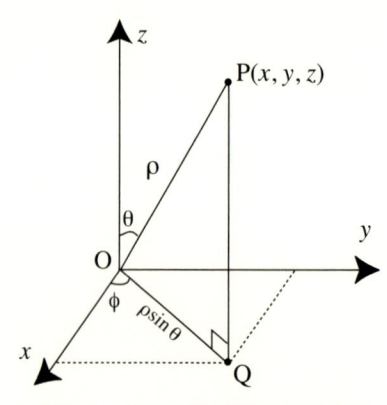

図 4.12　3 次元極座標または球座標

球座標はその重要さから取り上げられる頻度も多い．その意味から，本章ではこの項目に限って 3 重積分を扱う．

公式

3 次元極座標変換 (4.10) によって $\rho\theta\phi$ 空間内の領域 W が xyz 空間内の領域 K に対応するとき，次式が成立する．

$$\iiint_K f(x, y, z)\,dxdydz = \iiint_W f(\rho\sin\theta\cos\phi, \rho\sin\theta\sin\phi, \rho\cos\theta)\rho^2\sin\theta\,d\rho d\theta d\phi$$
$$\tag{4.11}$$

例 4.6

3 重積分 $I = \iiint_K z\,dxdydz, \ K = \{(x, y, z)\,|\,z \geqq 0, \ x^2 + y^2 + z^2 \leqq 1\}$ を求めよ．

解

3次元極座標変換 (4.10) によって, K は $W = \{(\rho, \theta, \phi) \mid 0 \leqq \rho \leqq 1,\ 0 \leqq \theta \leqq \pi/2,\ 0 \leqq \phi < 2\pi\}$ に変換される.

$$\therefore \quad I = \iiint_W \rho \cos\theta \cdot \rho^2 \sin\theta \, d\rho d\theta d\phi \overset{(4.6)}{=} \int_0^1 \rho^3 d\rho \cdot \int_0^{\pi/2} \frac{\sin 2\theta}{2} \, d\theta \cdot \int_0^{2\pi} d\phi$$

$$= \left[\frac{\rho^4}{4} \right]_0^1 \cdot \left[-\frac{1}{4}\cos 2\theta \right]_0^{\pi/2} \cdot 2\pi = \frac{\pi}{4}$$

解く！

3次元極座標変換を用いた3重積分の計算に慣れるため, 以下の (a)〜(g) を埋めよう.

◆ $a > 0, b > 0, c > 0$ のとき, 領域 $K = \left\{ (x, y, z) \mid \dfrac{x^2}{a^2} + \dfrac{y^2}{b^2} + \dfrac{z^2}{c^2} \leqq 1,\ x \geqq 0,\ y \geqq 0,\ z \geqq 0 \right\}$

に対して, 3重積分 $I = \iiint_K xyz\,dxdydz$ を求めよ. ◆

$x = a\rho\sin\theta\cos\phi,\ y = b\rho\sin\theta\sin\phi,\ z = c\rho\cos\theta$ とおくと, 領域 K は領域

$$W = \left\{ (\rho, \theta, \phi) \mid 0 \leqq \rho \leqq \boxed{\text{(a)}},\ 0 \leqq \theta \leqq \boxed{\text{(b)}},\ 0 \leqq \phi \leqq \boxed{\text{(c)}} \right\}$$

に対応する. このとき, 被積分関数は $xyz = \boxed{\text{(d)}}$, ヤコビアンは $\dfrac{\partial(x, y, z)}{\partial(\rho, \theta, \phi)} = \boxed{\text{(e)}}$.

$$\therefore \quad I = \iiint_W \boxed{\text{(d)}} \cdot \boxed{\text{(e)}} \, d\rho d\theta d\phi$$

$$= \frac{a^2 b^2 c^2}{2} \int_0^{\boxed{\text{(a)}}} \rho^5 d\rho \cdot \int_0^{\boxed{\text{(b)}}} \boxed{\text{(f)}} \, d\theta \cdot \int_0^{\boxed{\text{(c)}}} \sin 2\phi \, d\phi$$

$$= \frac{1}{\boxed{\text{(g)}}} a^2 b^2 c^2$$

答え

(a)　1　　　(b)　$\dfrac{\pi}{2}$　　　(c)　$\dfrac{\pi}{2}$　　　(d)　$abc\rho^3 \sin^2\theta \cos\theta \cos\phi \sin\phi$

(e)　$abc\rho^2 \sin\theta$　　　(f)　$\sin^3\theta \cos\theta$　　　(g)　48

練習問題 4.2

[1]　変数変換を用いて, 次の2重積分を求めよ.

(1)　$\displaystyle\iint_D (x - y) \cos\pi(x + y)\,dxdy,\ D = \{(x, y) \mid 1/2 \leqq x + y \leqq 1,\ 0 \leqq x - y \leqq 1/3\}$

(2)　$\displaystyle\iint_D x\,dxdy,\ D = \{(x, y) \mid \sqrt{x} + \sqrt{y} \leqq 2\}$

[2]　極座標変換を応用して, 次の2重積分を求めよ.

(1)　$\displaystyle\iint_D y\,dxdy,\ D = \{(x, y) \mid x^2 + y^2 \leqq 2,\ x \geqq 0,\ y \geqq 0\}$

(2) $\displaystyle\iint_D \frac{dxdy}{\sqrt{9 - x^2 - y^2}}$, $D = \{(x, y) \mid x^2 + y^2 \leqq 4\}$

(3) $\displaystyle\iint_D xy\,dxdy$, $D = \{(x, y) \mid x^2 + y^2 \leqq 1,\ x \geqq 0,\ y \leqq 0\}$

(4) $\displaystyle\iint_D (x^2 + y^2)\,dxdy$, $D = \left\{(x, y) \mid \dfrac{x^2}{4} + \dfrac{y^2}{9} \leqq 1\right\}$

[3]　3 次元極座標変換を用いて，次の 3 重積分を求めよ．

$$I = \iiint_K \sqrt{x^2 + y^2 + z^2}\,dxdydz, \quad K = \{(x, y, z) \mid x^2 + y^2 + z^2 \leqq 9\}$$

Coffee Break　　行列式の計算方法

　行列式の厳密な定義については線形代数の良書に譲るとして，ここでは 4.3 節に登場した 2 次ならびに 3 次行列式の計算方法だけを簡単に説明しよう．

　2 次正方行列 A を

$$A = \begin{bmatrix} a_{11} & a_{12} \\ a_{21} & a_{22} \end{bmatrix}$$

とおくと，A の行列式 $|A|$ は

$$|A| = a_{11}a_{22} - a_{12}a_{21}$$

である．上式の右辺は，図 4.13(a) の左上から右下に向かう線上にある要素の積に正の符号を付け，右上から左下に向かう線上にある要素の積に負の符号を付けて，総和をとれば求められる．このように，2 次行列式を計算する方法をたすき掛けという．

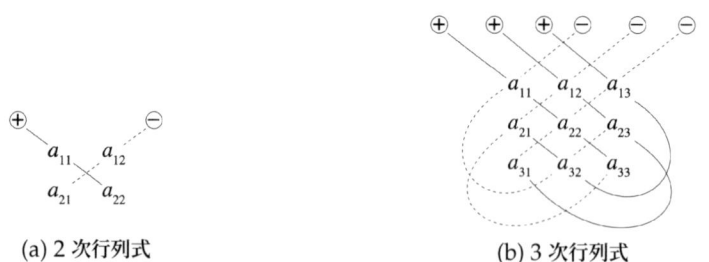

(a) 2 次行列式　　　　　　　　　　　(b) 3 次行列式

図 4.13　2 次および 3 次行列式のたすき掛け

　一方，3 次正方行列 A を

$$A = \begin{bmatrix} a_{11} & a_{12} & a_{13} \\ a_{21} & a_{22} & a_{23} \\ a_{31} & a_{32} & a_{33} \end{bmatrix}$$

とおくと，A の行列式 $|A|$ は

$$|A| = a_{11}a_{22}a_{33} + a_{12}a_{23}a_{31} + a_{13}a_{32}a_{21} - a_{11}a_{32}a_{23} - a_{12}a_{21}a_{33} - a_{13}a_{22}a_{31}$$

である．上式の右辺は，図 4.13(b) の左上から右下へ向かう線上にある要素を掛け合わせて，正の符号を付け，右上から左下へ向かう要素を掛け合わせて，負の符号を付けて，総

和をとった値に等しい．3次元行列式のこの計算方法もたすき掛けといわれる．

　しかしながら，たすき掛けが通用するのは，行列式が2次と3次のときのみである．一般に，n 次行列式は $n!$ 個の項の和であることが知られている．一方，たすき掛けで現れる項数 n_c は

$$n_c = \begin{cases} 2 & (n = 2) \\ 2n & (n \geq 3) \end{cases}$$

と表せる．それゆえ，$n! = n_c$ を満たす n は $n = 2, 3$ のみである．換言すれば，$n \geq 4$ では，たすき掛けで行列式を計算できない．

4.4　もっと寛い心で結果オーライ——広義積分

　本節では，第2章で紹介した広義積分を2重積分に拡張する．

4.4.1　第1種広義積分

　関数 $f(x, y)$ が有界領域 D 内のある点において不連続であり，D からこの点を除いた部分 A で連続であるとする．さらに，n の増加に伴い，A に収束してゆく有界領域の列を $D_1, D_2, D_3, \cdots$ とする．$\{D_n\}$ の選び方に無関係に，

$$I_n = \iint_{D_n} f(x, y)dxdy$$

の極限値 $\lim_{n \to \infty} I_n$ が一定値に収束するとき，その値を $f(x, y)$ の D 上の第1種広義積分といい，$\iint_D f(x, y)dxdy$ で表す．

　上記定義より分かるように，D 上の第1種広義積分の存在を示すためには，A に収束する任意の $\{D_n\}$ に対して極限値 $\lim_{n \to \infty} I_n$ が不変であることを証明しなければならない．しかしながら，次の定理を用いれば，第1種広義積分の存在を簡単に示すことができる．

定理

関数 $f(x, y)$ が有界領域 D 内のある点において不連続であり，D からこの点を除いた部分 A で連続かつ定符号であるとき，次のことがいえる．

A に収束するある有界領域の列 $\{D_n\}$ に対して，極限値 $\lim_{n \to \infty} \iint_{D_n} f(x, y)dxdy = I$ が定まる．

$$\Longrightarrow \iint_D f(x, y)dxdy = I$$

例 4.7

2 重積分 $I = \iint_D \dfrac{dxdy}{\sqrt{x^2 + y^2}}$, $D = \{(x, y) \mid 0 \leqq y \leqq x \leqq 2\}$ を求めよ.

解

図 4.14 に領域 D を示す. 被積分関数 $f(x, y) = \dfrac{1}{\sqrt{x^2 + y^2}}$ は D 内の原点で不連続である. また, D から原点を除いた部分を A とすると, $f(x, y)$ は A で連続であり, 常に正である. 一方, $\epsilon > 0$ に対して, 領域 $D_\epsilon = \{(x, y) \mid \epsilon \leqq x \leqq 2, 0 \leqq y \leqq x\}$ を定義すると, $\epsilon \to +0$ のとき $D_\epsilon \to A$. このとき, $I_\epsilon \equiv \iint_{D_\epsilon} \dfrac{dxdy}{\sqrt{x^2 + y^2}}$ で定義される I_ϵ に対して $\lim_{\epsilon \to +0} I_\epsilon$ が収束すれば, 135 ページの定理より, I が存在することになる.

具体的に I_ϵ を計算すると,

$$I_\epsilon = \int_\epsilon^2 dx \int_0^x \frac{dy}{\sqrt{x^2 + y^2}} \overset{(2.5)}{=} \int_\epsilon^2 \left[\log \left| y + \sqrt{y^2 + x^2} \right| \right]_0^x dx$$

$$= \int_\epsilon^2 \{ \log \left(\sqrt{2} + 1 \right) x - \log x \} \, dx$$

$$= \log \left(\sqrt{2} + 1 \right) \int_\epsilon^2 dx = (2 - \epsilon) \log \left(\sqrt{2} + 1 \right)$$

より, $\lim_{\epsilon \to +0} I_\epsilon = 2 \log(\sqrt{2} + 1)$ となる. ゆえに, I は存在し, $I = 2 \log(\sqrt{2} + 1)$.

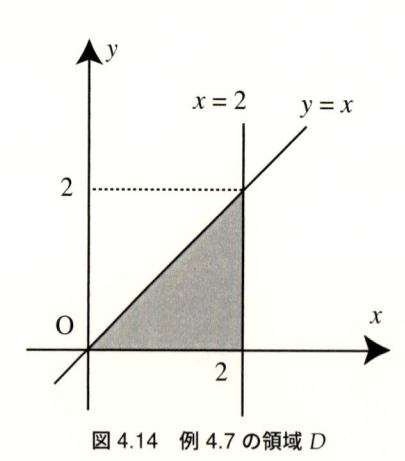

図 4.14　例 4.7 の領域 D

解く！

第 1 種広義積分の計算に慣れるため, 以下の (a)〜(g) を埋めよう.

◆領域 $D = \{(x, y) \mid 0 \leqq x \leqq 1 - y, \, 0 \leqq y \leqq 1\}$ に対して, 2 重積分 $I = \iint_D \log(x + y) dxdy$ を求めよ. ◆

被積分関数 $f(x, y) = \log(x + y)$ は D 内の (a) で不連続である. D から (a) を除いた部

分を A とすると, A 内で $f(x, y)$ は連続であり, $f(x, y) \leqq 0$. そこで, $\epsilon > 0$ に対して, 領域 $D_\epsilon = \{(x, y) \mid \epsilon \leqq x \leqq 1 - y, \epsilon \leqq y \leqq 1 - \epsilon\}$ を定義すると, $\epsilon \to +0$ のとき, $D_\epsilon \to A$. このとき,

$$I_\epsilon \equiv \iint_{D_\epsilon} \log(x + y) dx dy = \int_\epsilon^{1-\epsilon} dy \int_\epsilon^{1-y} \log(x + y) dx.$$

で定義される I_ϵ に対して $\lim_{\epsilon \to +0} I_\epsilon$ が収束すれば, 135 ページの定理より I が存在することになる.

一方,
$$\int_\epsilon^{1-y} \log(x + y) dx = \int_\epsilon^{1-y} \frac{\partial}{\partial x}(x + y) \cdot \log(x + y) dx$$
$$= \left[\boxed{(b)}\right]_\epsilon^{1-y} - \int_\epsilon^{1-y} dx \quad (\because \text{部分積分})$$
$$= \boxed{(c)}$$

となるから, I_ϵ は,
$$I_\epsilon = \int_\epsilon^{1-\epsilon} \left\{\boxed{(c)}\right\} dy$$
$$= \left[\boxed{(d)}\right]_\epsilon^{1-\epsilon} \quad \left(\because \int x \log x \, dx = \frac{1}{2} x^2 \log x - \frac{x^2}{4} + C\right)$$
$$= \boxed{(e)}.$$

$$\therefore \quad \lim_{\epsilon \to +0} I_\epsilon = \boxed{(f)} \quad \left(\because \lim_{\epsilon \to +0} \epsilon^2 \log \epsilon = \boxed{(g)}\right)$$

以上より, I は存在し, $I = \boxed{(f)}$.

答え
(a)　$(0, 0)$　　　(b)　$(x + y) \log(x + y)$　　　(c)　$-(\epsilon + y) \log(\epsilon + y) + (\epsilon + y) - 1$

(d)　$-\dfrac{1}{2}(\epsilon + y)^2 \log(\epsilon + y) + \dfrac{3}{4}(\epsilon + y)^2 - (\epsilon + y)$　　　(e)　$-\dfrac{1}{4} + 2\epsilon^2 \log 2\epsilon - 3\epsilon^3 + 2\epsilon$

(f)　$-\dfrac{1}{4}$　　　(g)　0

4.4.2　第2種広義積分

関数 $f(x, y)$ が有界でない領域 D で連続であるとする. さらに, n の増加に伴い, D に収束してゆく有界領域の列を $D_1, D_2, D_3, \cdots$ とする. $\{D_n\}$ の選び方に無関係に,

$$I_n = \iint_{D_n} f(x, y) dx dy$$

の極限値 $\lim_{n \to \infty} I_n$ が一定値に収束するとき, その値を $f(x, y)$ の D 上の第2種広義積分といい, $\iint_D f(x, y) dx dy$ で表す.

それでは, どのような関数 $f(x, y)$ と領域 D に対して第2種広義積分が存在するのであろう

か？　この疑問への解答の一つを与えるのが，次の定理である．

定理

関数 $f(x, y)$ が有界でない領域 D で連続であり，かつ，定符号であるとき，次のことがいえる．

D に収束するある有界領域の列 $\{D_n\}$ に対して，極限値 $\displaystyle \lim_{n \to \infty} \iint_{D_n} f(x, y) dx dy = I$ が定まる

$$\implies \iint_D f(x, y) dx dy = I$$

例 4.8

領域 $D = \{(x, y) \mid x \geqq 0, y \geqq 0\}$ に対して，2 重積分 $I = \displaystyle \iint_D \frac{dx dy}{(x + y + 1)^3}$ を求めよ．

解

被積分関数 $f(x, y) = \dfrac{1}{(x + y + 1)^3}$ は領域 D で連続であり，$f(x, y) > 0$ である．そこで，$D_n = \{(x, y) \mid 0 \leqq x \leqq n, 0 \leqq y \leqq n\}$ を定義すると，$n \to \infty$ のとき，$D_n \to D$．このとき，

$$I_n \equiv \iint_{D_n} \frac{dx dy}{(x + y + 1)^3}$$

で定義される I_n に対して，$\displaystyle \lim_{n \to \infty} I_n$ が収束すれば，138 ページの定理より I が存在することになる．

具体的に I_n を計算すると，

$$I_n = \int_0^n dx \int_0^n \frac{dy}{(x + y + 1)^3} = \int_0^n \left[-\frac{1}{2(x + y + 1)^2} \right]_0^n dx$$

$$= \frac{1}{2} \int_0^n \left\{ \frac{1}{(x + 1)^2} - \frac{1}{(x + n + 1)^2} \right\} dx = \frac{1}{2} \left[-\frac{1}{x + 1} + \frac{1}{x + n + 1} \right]_0^n$$

$$= \frac{1}{2} \left(1 - \frac{2}{n + 1} + \frac{1}{2n + 1} \right),$$

となるから，$\displaystyle \lim_{n \to \infty} I_n = \lim_{n \to \infty} \frac{1}{2} \left(1 - \frac{2}{n + 1} + \frac{1}{2n + 1} \right) = \frac{1}{2}$．ゆえに，$I$ は存在して，$I = \dfrac{1}{2}$．

解く！

第 2 種広義積分の計算に慣れるため，以下の (a)～(h) を埋めよう．

◆定積分 $\displaystyle \int_0^\infty e^{-x^2} dx$ を求めよ．◆

$D \equiv \{(x, y) \mid x \geqq 0, y \geqq 0\}, D_R \equiv \{(x, y) \mid x^2 + y^2 \leqq R^2, x \geqq 0, y \geqq 0\}$ とおくと，関数 $f(x, y) = e^{-(x^2 + y^2)}$ は領域 D で連続であり，$f(x, y) > 0$．さらに，$R \to \infty$ のとき，$D_R \to \boxed{\text{(a)}}$．このとき，

$$I_R \equiv \iint_{D_R} f(x, y) dx dy, \quad I \equiv \iint_D f(x, y) dx dy,$$

とおくと, $\displaystyle\lim_{R\to\infty} I_R$ が $\boxed{\text{(b)}}$ すれば, I が存在することになる.

具体的に I_R を計算すると,

$$I_R = \int_0^{\pi/2} d\theta \cdot \int_0^R \boxed{\text{(c)}} \, dr \quad (\because \text{極座標変換})$$

$$= \frac{\pi}{4} \int_0^{\boxed{\text{(d)}}} \boxed{\text{(e)}} \, dt \quad (\because t = r^2 \text{で置換積分})$$

$$= \frac{\pi}{4} \left(\boxed{\text{(f)}} \right)$$

より, $\displaystyle\lim_{R\to\infty} I_R = \boxed{\text{(g)}}$ となる. ゆえに, I は存在し, $I = \boxed{\text{(g)}}$.

一方, $D'_R \equiv \{(x,y) \mid 0 \leqq x \leqq R, 0 \leqq y \leqq R\}$ も, $R \to \infty$ のとき $D'_R \to \boxed{\text{(a)}}$ を満足するから,

$$I'_R \equiv \iint_{D'_R} f(x,y)dxdy,$$

とおくと, $\displaystyle\lim_{R\to\infty} I'_R = I = \boxed{\text{(g)}}$.

しかも,

$$I'_R = \int_0^R e^{-x^2}dx \cdot \int_0^R e^{-y^2}dy = \left(\int_0^R e^{-x^2}dx \right)^2.$$

$$\therefore \quad \lim_{R\to\infty} I'_R = \left(\lim_{R\to\infty} \int_0^R e^{-x^2}dx \right)^2 = \boxed{\text{(g)}}$$

すなわち, $\displaystyle\int_0^\infty e^{-x^2}dx = \boxed{\text{(h)}}$.

答え

(a) $\quad D$ (b) $\quad$ 収束   (c) $\quad e^{-r^2}r$ (d) $\quad R^2$ (e) $\quad e^{-t}$

(f) $\quad 1 - e^{-R^2}$ (g) $\quad \dfrac{\pi}{4}$ (h) $\quad \dfrac{\sqrt{\pi}}{2}$

練習問題 4.3

次の 2 重積分を求めよ.

(1) $\quad \displaystyle\int_0^1 dx \int_0^1 \frac{dy}{\sqrt{x}\sqrt[3]{y}}$ (2) $\quad \displaystyle\iint_D \frac{dxdy}{\sqrt{1-x^2-y^2}}, \; D = \{(x,y) \mid x^2 + y^2 \leqq 1\}$

(3) $\quad \displaystyle\iint_D \frac{x}{(1+x^2+y^2)^2} \, dxdy, \; D = \{(x,y) \mid 0 \leqq x \leqq 1, \; 1 \leqq y\}$

4.5 重積分の応用

4.5.1 立体の体積

4.1 節で述べたように, 関数 $f(x,y)$ が有界領域 D で連続であり, かつ, $f(x,y) \geqq 0$ を満たす

とき，2重積分 $\iint_D f(x,y)$ は D を底とする直柱の表面，曲面 $z=f(x,y)$ と平面 $z=0$ によって囲まれる立体の体積を表した．

　一般に，2 つの関数 $f(x,y), g(x,y)$ が xy 平面上の領域 D で連続であり，かつ，$f(x,y) \geqq g(x,y)$ を満たすとき，D を底とする直柱の表面と 2 曲面 $z=f(x,y), z=g(x,y)$ によって囲まれる立体 $K = \{(x,y,z) \mid (x,y) \in D, g(x,y) \leqq z \leqq f(x,y)\}$ の体積 V は次式で表される．

$$V = \iint_D \{f(x,y) - g(x,y)\}dxdy. \tag{4.12}$$

4.5.2　曲面積

　関数 $f(x,y)$ が xy 平面内の領域 D で定義されているとき，曲面 $z=f(x,y)\,(x,y) \in D$ の面積を曲面積という．特に，関数 $f(x,y)$ が C^1 級であるとき，その曲面積 S は次式で表される．

$$S = \iint_D \sqrt{1 + f_x^2 + f_y^2}\,dxdy \tag{4.13}$$

例 4.9

　球面 $S_1 : x^2 + y^2 + z^2 = a^2$ と円柱面 $S_2 : x^2 + y^2 = ax$ について，次の問いに答えよ．ただし，$a > 0$ とする．

(1)　球面 S_1 で囲まれた円柱面 S_2 内部の体積 V を求めよ．

(2)　球面 S_1 から円柱面 S_2 が切り取る部分の面積 S を求めよ．

解
　体積を求める立体も，面積を求める部分も，xy 平面と zx 平面に関して対称であるから，$z \geqq 0, y \geqq 0$ にある部分だけを考え，計算結果を 4 倍すればよい (図 4.15 参照)．このとき，$x^2 + y^2 + z^2 = a^2$ より $z = \sqrt{a^2 - x^2 - y^2} = f(x,y)$．さらに，$D = \{(x,y) \mid x^2 + y^2 \leqq ax, y \geqq 0\}$ とおく．

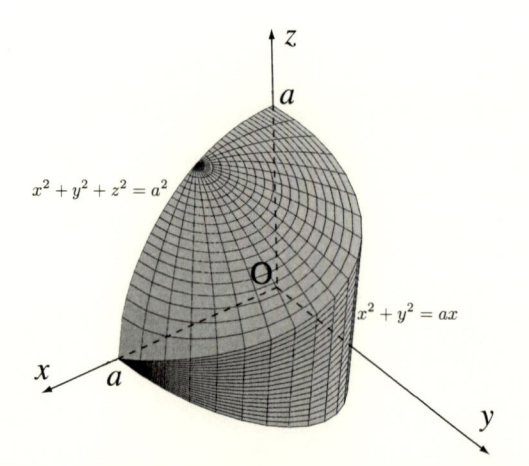

図 4.15　体積を求める立体のうち $y \geq 0, z \geq 0$ にある部分

(1)　$y \geqq 0, z \geqq 0$ にある立体の体積は，

$$\frac{V}{4} = \iint_D \sqrt{a^2 - x^2 - y^2}\,dxdy.$$

極座標変換 $x = r\cos\theta,\ y = r\sin\theta$ により，領域 D は $\Pi = \{(r, \theta) \mid 0 \leqq r \leqq a\cos\theta, 0 \leqq \theta \leqq \pi/2\}$ に変換され，被積分関数は $\sqrt{a^2 - x^2 - y^2} = \sqrt{a^2 - r^2}$ となるから，

$$\frac{V}{4} = \iint_\Pi r\sqrt{a^2 - r^2}\,drd\theta = \int_0^{\pi/2} d\theta \int_0^{a\cos\theta} r\sqrt{a^2 - r^2}\,dr$$

$$= -\frac{1}{3}\int_0^{\pi/2}\left[(a^2 - r^2)^{3/2}\right]_0^{a\cos\theta} d\theta = \frac{1}{3}a^3\int_0^{\pi/2}(1 - \sin^3\theta)\,d\theta$$

$$= \frac{1}{3}a^3\int_0^{\pi/2}\left(1 - \frac{3}{4}\sin\theta + \frac{1}{4}\sin 3\theta\right) d\theta = \frac{3\pi - 4}{18}a^3.$$

$$\therefore \quad V = \frac{2}{9}(3\pi - 4)a^3$$

(2)　面積を求める部分のうち $y \geqq 0,\ z \geqq 0$ にある曲面は，$z = f(x, y)\ (x, y) \in D$ と表せる．一方，

$$f_x = -\frac{x}{\sqrt{a^2 - x^2 - y^2}},\quad f_y = -\frac{y}{\sqrt{a^2 - x^2 - y^2}}$$

であるから，

$$1 + f_x^2 + f_y^2 = \frac{a^2}{a^2 - x^2 - y^2}.$$

$$\therefore \quad \frac{S}{4} = \iint_D \frac{a}{\sqrt{a^2 - x^2 - y^2}}\,dxdy = \int_0^{\pi/2} d\theta \int_0^{a\cos\theta} \frac{ar}{\sqrt{a^2 - r^2}}\,dr$$

$$= a\int_0^{\pi/2}\left[-\sqrt{a^2 - r^2}\right]_0^{a\cos\theta} d\theta = a^2\int_0^{\pi/2}(1 - \sin\theta)\,d\theta = a^2\left(\frac{\pi}{2} - 1\right)$$

$$\therefore \quad S = 4a^2\left(\frac{\pi}{2} - 1\right)$$

解く！

　体積と曲面積の計算に慣れるために，以下の (a)～(h) を埋めよう．

◆ 半径 $a\ (> 0)$ の球について，次の問いに答えよ．

(1)　体積が $V = \dfrac{4}{3}\pi a^3$ であること示せ．　　(2)　表面積が $S = 4\pi a^2$ であることを示せ．　◆

例 4.9 と同様に球の中心を原点に選ぶと，球は xy 平面，yz 平面，zx 平面に関して対称である．それゆえ，$x \geqq 0,\ y \geqq 0,\ z \geqq 0$ にある部分だけを考え，計算結果を 8 倍すればよい．このとき，$x^2 + y^2 + z^2 = a^2$ より $z = \boxed{\text{(a)}} = f(x, y)$．さらに，$D = \boxed{\text{(b)}}$ とおくと，$x \geqq 0,\ y \geqq 0,\ z \geqq 0$ にある球面は $z = f(x, y)\ (x, y) \in D$ と表せる．例 4.9 と同様にすれば，$1 + f_x^2 + f_y^2 = \boxed{\text{(c)}}$ である．また，極座標変換により，領域 D は $\Pi = \{(r, \theta) \mid 0 \leqq r \leqq \boxed{\text{(d)}}, 0 \leqq \theta \leqq \boxed{\text{(e)}}\}$ に変換される．

(1)　求める体積は，

$$V = \boxed{\text{(f)}} \iint_D \sqrt{a^2 - x^2 - y^2}\,dxdy = \boxed{\text{(f)}} \iint_\Pi r\sqrt{a^2 - r^2}\,drd\theta$$

$$\overset{(4.6)}{=} \boxed{(f)} \int_0^{\boxed{(e)}} d\theta \cdot \int_0^{\boxed{(d)}} r\sqrt{a^2 - r^2}\, dr$$

$$= \boxed{(f)} \cdot \boxed{(e)} \cdot \left[\boxed{(g)} \right]_0^a = \frac{4}{3}\pi a^3.$$

(2)　求める表面積 S は

$$S = \boxed{(f)} \iint_D \frac{a}{\sqrt{a^2 - x^2 - y^2}}\, dxdy = \boxed{(f)} \iint_\Pi \frac{ar}{\sqrt{a^2 - r^2}}\, drd\theta$$

$$\overset{(4.6)}{=} \boxed{(f)} \int_0^{\boxed{(e)}} d\theta \cdot \int_0^{\boxed{(d)}} \frac{ar}{\sqrt{a^2 - r^2}} dr$$

$$= \boxed{(f)} \cdot \boxed{(e)} \cdot \left[\boxed{(h)} \right]_0^a = 4\pi a^2.$$

答え

(a)　$\sqrt{a^2 - x^2 - y^2}$　　　(b)　$\{(x,y) \mid x^2 + y^2 \leqq a^2,\ x \geqq 0,\ y \geqq 0\}$

(c)　$\dfrac{a^2}{a^2 - x^2 - y^2}$　　(d)　a　　(e)　$\dfrac{\pi}{2}$　　(f)　8　　(g)　$-\dfrac{1}{3}(a^2 - r^2)^{3/2}$

(h)　$-a\sqrt{a^2 - r^2}$

4.5.3　重心と慣性モーメント

　単位面積当たりの質量を密度という．xy 平面内の有界領域 D において，各点 (x,y) での密度が $\sigma(x,y)$ で与えられるとき，重心の座標 $\bar{x}, \bar{y}$ は次式で表される．

$$\bar{x} = \frac{\displaystyle\iint_D \sigma(x,y)x\, dxdy}{\displaystyle\iint_D \sigma(x,y)\, dxdy}, \quad \bar{y} = \frac{\displaystyle\iint_D \sigma(x,y)y\, dxdy}{\displaystyle\iint_D \sigma(x,y)\, dxdy}$$

さらに，x 軸，y 軸，z 軸のまわりの慣性モーメント I_x, I_y, I_z は次式で表される．

$$I_x = \iint_D \sigma(x,y)y^2 dxdy, \quad I_y = \iint_D \sigma(x,y)x^2 dxdy, \quad I_z = \iint_D \sigma(x,y)(x^2 + y^2)dxdy$$

例 4.10

　図 4.16 のような半径 a の半円形の板について，次の問いに答えよ．ただし，密度を定数 σ とする．

(1)　重心の座標 $(\bar{x}, \bar{y})$ を求めよ．

(2)　x 軸，y 軸のまわりの慣性モーメント I_x, I_y を求めよ．

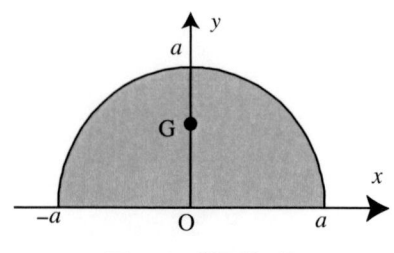

図 4.16　半円形の板

解

半円形の領域は $D = \{(x, y) \mid -a \le x \le a,\ 0 \le y \le \sqrt{a^2 - x^2}\}$ と書き表すことができる.

(1)

$$\iint_D x\,dxdy = \int_{-a}^{a} dx \int_0^{\sqrt{a^2-x^2}} x\,dy = \int_{-a}^{a} x\sqrt{a^2-x^2}\,dx = 0 \quad (\because 奇関数),$$

$$\iint_D y\,dxdy = \int_{-a}^{a} dx \int_0^{\sqrt{a^2-x^2}} y\,dy = \frac{1}{2}\int_{-a}^{a}(a^2-x^2)\,dx = \frac{2}{3}a^3,$$

$$\iint_D dxdy = \frac{1}{2}\pi a^2 \quad (\because 半円の面積).$$

よって,

$$\bar{x} = 0,\ \bar{y} = \left(\frac{2}{3}a^3\right)\Big/\left(\frac{\pi}{2}a^2\right) = \frac{4a}{3\pi}.$$

したがって, $(\bar{x}, \bar{y}) = \left(0, \dfrac{4a}{3\pi}\right)$.

(2)

$$I_x = \sigma \iint_D y^2 dxdy = \sigma \int_{-a}^{a} dx \int_0^{\sqrt{a^2-x^2}} y^2 dy = \frac{\sigma}{3}\int_{-a}^{a}(a^2-x^2)^{3/2}dx = \frac{2}{3}\sigma\int_0^{a}(a^2-x^2)^{3/2}dx,$$

$$I_y = \sigma \iint_D x^2 dxdy = \sigma \int_{-a}^{a} x^2\sqrt{a^2-x^2}\,dx = 2\sigma \int_0^{a} x^2\sqrt{a^2-x^2}\,dx.$$

一方, $x = a\sin\theta$ とおくと, $dx = a\cos\theta\,d\theta, \sqrt{a^2-x^2} = a\cos\theta$ であるから,

$$\int_0^{a}(a^2-x^2)^{3/2}dx = a^4\int_0^{\pi/2}\cos^4\theta\,d\theta = \frac{3\pi}{16}a^4,$$

$$\int_0^{a} x^2\sqrt{a^2-x^2}\,dx = a^4\int_0^{\pi/2}\sin^2\theta\cos^2\theta\,d\theta = a^4\int_0^{\pi/4}(\sin^2\theta - \sin^4\theta)d\theta = \frac{\pi}{16}a^4.$$

$$\therefore\quad I_x = \frac{\pi\sigma a^4}{8},\quad I_y = \frac{\pi\sigma a^4}{8}$$

　曲芸師は, 時にさまざまな形のボードに乗り, 玉乗りの技術を披露しなければならない. なぜならば変わった形であればあるほど, 観客は喜び, 場が盛り上がるからである. 彼らにとって大事なのは体をボードに乗せたときの重心の位置であり, 玉とボードの接する点が重心となれば曲芸師は最も安定する (図 4.17 参照).

図 4.17　曲芸師はバランスが命

解く！

重心と慣性モーメントの計算に慣れるために，以下の (a)〜(k) を埋めよう．

◆曲線 $y = b\sqrt{x/a}$，直線 $x = a$ と x 軸で囲まれる図形 D について，重心の座標 $(\bar{x}, \bar{y})$ と x 軸，y 軸のまわりの慣性モーメントを求めよ．ただし，密度を定数 σ とし，$a > 0, b > 0$ とする．◆

図形 D は $D = \{(x, y) \mid 0 \leqq x \leqq a, \boxed{(a)} \leqq y \leqq \boxed{(b)}\}$ と表せるから，

$$\iint_D dxdy = \int_0^a dx \int_{\boxed{(a)}}^{\boxed{(b)}} dy = \boxed{(c)},$$

$$\iint_D x\,dxdy = \int_0^a dx \int_{\boxed{(a)}}^{\boxed{(b)}} x\,dy = \boxed{(d)},$$

$$\iint_D y\,dxdy = \int_0^a dx \int_{\boxed{(a)}}^{\boxed{(b)}} y\,dy = \boxed{(e)}.$$

$$\therefore \quad \bar{x} = \frac{\boxed{(d)}}{\boxed{(c)}} = \boxed{(f)}, \quad \bar{y} = \frac{\boxed{(e)}}{\boxed{(c)}} = \boxed{(g)}$$

一方，慣性モーメントは，

$$I_x = \sigma \iint_D y^2 dxdy = \sigma \int_0^a dx \int_{\boxed{(a)}}^{\boxed{(b)}} y^2 dy = \frac{\sigma b^3}{3} \int_0^a \boxed{(h)}\,dx = \boxed{(i)},$$

$$I_y = \sigma \iint_D x^2 dxdy = \sigma \int_0^a dx \int_{\boxed{(a)}}^{\boxed{(b)}} x^2 dy = \sigma a^2 b \int_0^a \boxed{(j)}\,dx = \boxed{(k)}.$$

答え

(a) $\quad 0$ 　　(b) $\quad b\sqrt{\dfrac{x}{a}}$ 　　(c) $\quad \dfrac{2}{3}ab$ 　(d) $\quad \dfrac{2}{5}a^2 b$ 　　(e) $\quad \dfrac{1}{4}ab^2$

(f) $\quad \dfrac{3}{5}a$ 　　(g) $\quad \dfrac{3}{8}b$ 　　(h) $\quad \left(\dfrac{x}{a}\right)^{3/2}$ 　　(i) $\quad \dfrac{2}{15}\sigma ab^3$ 　　(j) $\quad \left(\dfrac{x}{a}\right)^{5/2}$

(k) $\quad \dfrac{2}{7}\sigma a^3 b$

練習問題 4.4

[1] 　3 平面 $x = 1$, $y = 1$, $x + y = 3$ と曲面 $z = x^2 + 2y$ 及び平面 $z = x + y$ で囲まれる立体の体積 V を求めよ．

[2] 　回転放物面 $S_1 : z = x^2 + y^2$ について，次の問いに答えよ．

(1) 曲面 S_1 と平面 $z = 3$ で囲まれる立体の体積 V を求めよ.

(2) 曲面 S_1 の $z \leqq 3$ を満たす部分の曲面積 S を求めよ.

[3] 領域 $D = \left\{ (x, y) \mid x \geqq 0,\ y \geqq 0,\ \dfrac{x^2}{a^2} + \dfrac{y^2}{b^2} \leqq 1 \right\}$ について,次の問いに答えよ.ただし,密度を定数 σ とし,$a > 0, b > 0$ とする.

(1) 重心の座標 $(\bar{x}, \bar{y})$ を求めよ. (2) x 軸,y 軸のまわりの慣性モーメントを求めよ.

[4] 長さ L の辺をもつ正方形の板がある.辺のまわりの慣性モーメントを求めよ.ただし,密度を定数 σ とする.

[5] 長さ a の 2 等辺をもつ直角二等辺三角形の板がある.3 辺のまわりの慣性モーメントを求めよ.ただし,密度を定数 σ とする.

練習問題　詳解

第1章　微分法

練習問題 1.1（19 ページ）

[1]　逆関数は $x = \cosh y$　$(y > 0)$ を満たすから, $2x = e^y + e^{-y}$.　$\therefore$　$(e^y)^2 - 2xe^y + 1 = 0$

e^y について解くと, $e^y = x \pm \sqrt{x^2 - 1}$　$(x > 1)$.

$x - \sqrt{x^2 - 1} = \dfrac{1}{x + \sqrt{x^2 - 1}} = (x + \sqrt{x^2 - 1})^{-1}$ を考慮すると, $e^y = (x + \sqrt{x^2 - 1})^{\pm 1}$.

$\therefore$　$y = \pm \log(x + \sqrt{x^2 - 1})$　$y > 0$ より, $y = \log(x + \sqrt{x^2 - 1})$.

[2]

(1)　$a = \text{Arcsin}\, x$, $b = \text{Arccos}\, x$ とおくと, $-\dfrac{\pi}{2} \leqq a \leqq \dfrac{\pi}{2}$, $0 \leqq b \leqq \pi$, $\sin a = \cos b = x$.

$\therefore$　$\sin a = \sin\left(\dfrac{\pi}{2} - b\right)$, $-\dfrac{\pi}{2} \leqq a \leqq \dfrac{\pi}{2}$, $-\dfrac{\pi}{2} \leqq \dfrac{\pi}{2} - b \leqq \dfrac{\pi}{2}$

したがって, $a = \dfrac{\pi}{2} - b$. すなわち, $a + b = \dfrac{\pi}{2}$.

(2)　$a = \text{Arcsin}\, x$ とおくと, $0 \leqq x < 1$ より a の満たす範囲は $0 \leqq a < \dfrac{\pi}{2}$ となる. また, $\sin a = x$.

$0 \leqq a < \dfrac{\pi}{2}$ ならば, $\cos a > 0$ であるから, $\cos a = \sqrt{1 - x^2}$. $\therefore$　$\tan a = \dfrac{x}{\sqrt{1 - x^2}}$.

以上より, $a = \text{Arccos}\, \sqrt{1 - x^2} = \text{Arctan}\, \dfrac{x}{\sqrt{1 - x^2}}$.

[3]　グラフは図 A.1 と図 A.2 のようになる.

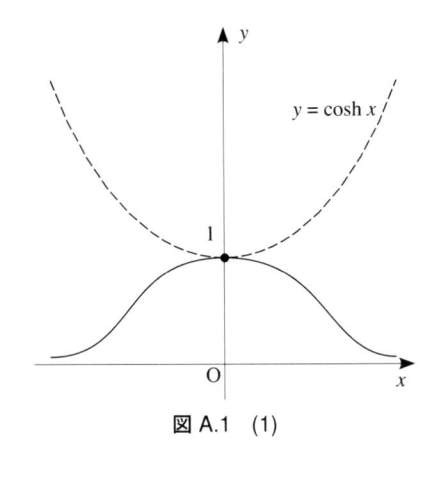

図 A.1　(1)

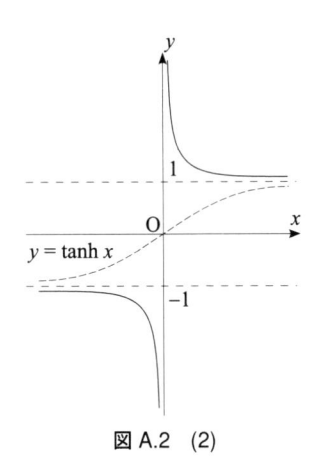

図 A.2　(2)

練習問題 1.2（26 ページ）

[1]

(1)
$$\lim_{x \to 2} \frac{x^2 - 4}{x^3 - x^2 - x - 2} = \lim_{x \to 2} \frac{(x-2)(x+2)}{(x-2)(x^2 + x + 1)} = \lim_{x \to 2} \frac{x+2}{x^2 + x + 1} = \frac{4}{7}$$

(2)
$$\lim_{x \to \infty} \left(\sqrt{x^2 + ax + a^2} - \sqrt{x^2 - ax + a^2} \right) = \lim_{x \to \infty} \frac{(x^2 + ax + a^2) - (x^2 - ax + a^2)}{\sqrt{x^2 + ax + a^2} + \sqrt{x^2 - ax + a^2}}$$
$$= \lim_{x \to \infty} \frac{2ax}{\sqrt{x^2 + ax + a^2} + \sqrt{x^2 - ax + a^2}} = \lim_{x \to \infty} \frac{2a}{\sqrt{1 + \frac{a}{x} + \left(\frac{a}{x}\right)^2} + \sqrt{1 - \frac{a}{x} + \left(\frac{a}{x}\right)^2}} = a$$

(3) 倍角公式を用いると,
$$\frac{3 - 4\cos x + \cos 2x}{x^4} = \frac{2(1 - \cos x)^2}{x^4} = \frac{2}{(1 + \cos x)^2} \left(\frac{\sin x}{x} \right)^4.$$

$$\therefore \quad \lim_{x \to 0} \frac{3 - 4\cos x + \cos 2x}{x^4} = \lim_{x \to 0} \frac{2}{(1 + \cos x)^2} \cdot \lim_{x \to 0} \left(\frac{\sin x}{x} \right)^4 \overset{(1.15)}{=} \frac{1}{2}$$

(4) $a^x - 1 = t$ とおくと, $x = \log(1 + t)/\log a$ であり, さらに, $x \to 0$ のとき $t \to 0$ となる.

$$\therefore \quad \lim_{x \to 0} \frac{a^x - 1}{x} = \log a \cdot \lim_{t \to 0} \frac{t}{\log(1 + t)} = \log a \cdot \lim_{t \to 0} \frac{1}{\log(1 + t)^{1/t}} \overset{(1.18)}{=} \log a$$

[2] 式 (1.14) より $\sqrt{x^2 + ax} - 1 < \left[\sqrt{x^2 + ax} \right] \leqq \sqrt{x^2 + ax}$ が得られるから,

$$\sqrt{1 + \frac{a}{x}} - \frac{1}{x} < \frac{\left[\sqrt{x^2 + ax} \right]}{x} \leqq \sqrt{1 + \frac{a}{x}}$$

一方, 上記不等式の最左辺と最右辺の極限は, $\displaystyle \lim_{x \to \infty} \left(\sqrt{1 + \frac{a}{x}} - \frac{1}{x} \right) = \lim_{x \to \infty} \sqrt{1 + \frac{a}{x}} = 1$ となる. ゆえに, はさみ打ちの原理より,

$$\lim_{x \to \infty} \frac{\left[\sqrt{x^2 + ax} \right]}{x} = 1.$$

また, $\displaystyle \lim_{x \to \infty} \frac{\sqrt{ax}}{x} = \lim_{x \to \infty} \sqrt{\frac{a}{x}} = 0.$

$$\therefore \quad \lim_{x \to \infty} \frac{\left[\sqrt{x^2 + ax} \right] - \sqrt{ax}}{x} = 1$$

[3] $\dfrac{\pi}{2} - x$, $\tan x$ は $x \neq \dfrac{\pi}{2}$ で連続であるから, $f(x)$ は $x \neq \dfrac{\pi}{2}$ で連続である. また, $\dfrac{\pi}{2} - x = t$ とおくと, $x \to \dfrac{\pi}{2}$ のとき $t \to 0$ となるから,

$$\lim_{x \to \frac{\pi}{2}} \left(\frac{\pi}{2} - x \right) \tan x = \lim_{t \to 0} \frac{t}{\sin t} \cdot \cos t \overset{(1.15)}{=} 1.$$

ゆえに, $\displaystyle \lim_{x \to \frac{\pi}{2}} f(x) = f\left(\frac{\pi}{2} \right)$ が成り立つから, $f(x)$ は $x = \dfrac{\pi}{2}$ でも連続となる.

練習問題 1.3（36 ページ）

[1]　　$f(x)$ は $x \neq 0$ で微分可能であるから，$x = 0$ における微分可能性だけを調べればよい.

$$f'_+(0) = \lim_{x \to +0} \left(e^{-\frac{1}{x}} \right)' = \lim_{x \to +0} \frac{e^{-\frac{1}{x}}}{x^2} = \lim_{t \to \infty} \frac{t^2}{e^t} \overset{(1.16)}{=} 0 \quad \left(\because \quad t = \frac{1}{x} \right)$$

$$f'_-(0) = \lim_{x \to -0} (0)' = 0$$

ゆえに，$f'_+(0) = f'_-(0)$ であるから，$f(x)$ は $x = 0$ で微分可能である. したがって，$f(x)$ はすべての実数 x において微分可能である.

[2]

(1)　　$z = \mathrm{Arctan}\, x$ とおくと，$x = \tan z \quad \left(|z| < \dfrac{\pi}{2} \right)$.

$$\therefore \quad \frac{dz}{dx} = \frac{1}{\dfrac{dx}{dz}} = \frac{1}{\sec^2 z} = \frac{1}{1 + x^2}$$

上式を用いれば，

$$\frac{dy}{dx} = \frac{d}{dx}(xz) - \frac{1}{2} \frac{d}{dx} \log(1 + x^2) = z + x \frac{dz}{dx} - \frac{x}{1 + x^2} = z = \mathrm{Arctan}\, x.$$

(2)　　$\dfrac{dy}{dx} = \dfrac{\cosh x}{\sinh x} = \coth x$

(3)　　与式の両辺の対数をとると，$\log y = \sin x \cdot \log(\cos x)$. 両辺を微分して，

$$\frac{y'}{y} = \cos x \cdot \log(\cos x) - \frac{\sin^2 x}{\cos x}.$$

$$\therefore \quad y' = (\cos x)^{\sin x} \left\{ \cos x \cdot \log(\cos x) - \frac{\sin^2 x}{\cos x} \right\}$$

(4)　　$y = \sinh^{-1} x \Longleftrightarrow x = \sinh y$

$$\frac{dx}{dy} = \cosh y \overset{(1.4)}{=} \sqrt{1 + \sinh^2 y} = \sqrt{1 + x^2} \quad \text{より} \quad \frac{dy}{dx} \overset{(1.23)}{=} \frac{1}{\dfrac{dx}{dy}} = \frac{1}{\sqrt{1 + x^2}}.$$

[3]　　$\dfrac{dy}{dx} \overset{(1.25)}{=} \dfrac{\dfrac{dy}{dt}}{\dfrac{dx}{dt}} = \dfrac{a \cosh t}{a \sinh t} = \coth t$

[4]

(1)　　双曲線関数の加法定理で $y = x$ とおくと，$\sinh 2x = 2 \sinh x \cosh x$.

(2)　　$f'(x) = \sinh 2x, \quad f''(x) = 2 \cosh 2x, \quad f'''(x) = 2^2 \sinh 2x, \quad f^{(4)} = 2^3 \cosh 2x$

(3)　　$f^{(n)}(x) = \begin{cases} 2^{n-1} \cosh 2x & (n : \text{偶数}) \\ 2^{n-1} \sinh 2x & (n : \text{奇数}) \end{cases}$

[5]

(1)　　$f' = -c(cx + d)^{-2}, f'' = (-1)(-2)c^2(cx + d)^{-3}, f''' = (-1)(-2)(-3)c^3(cx + d)^{-4}, \cdots$ より，
$f^{(n)} = (-c)^n n! (cx + d)^{-(n+1)} \quad (n \geqq 0)$.

(2) $g(x) = ax + b$ とおくと，$g' = a, g^{(r)} = 0$ $(r \geqq 2)$. ライプニッツの公式より，

$$h^{(n)} = f^{(n)}g + {}_nC_1 f^{(n-1)}g' = (-c)^{n-1}n!(cx+d)^{-(n+1)}(ad-bc) \quad (n \geqq 1).$$

練習問題 1.4（41 ページ）
[1]

(1) $\displaystyle\lim_{x \to 0} \frac{\sinh x}{x} = \lim_{x \to 0} \frac{\cosh x}{1} = 1$

(2) $\displaystyle\lim_{x \to +0} x\log(\sinh x) = \lim_{x \to +0} \frac{\{\log(\sinh x)\}'}{\left(\frac{1}{x}\right)'} = \lim_{x \to +0} \left(-\frac{x}{\sinh x} \cdot x\cosh x\right) \overset{(1)}{=} 0$

(3) $y = (\tanh x)^x$ とおくと，$\log y = x\log(\tanh x)$.

$$\therefore \quad \lim_{x \to \infty} \log y = \lim_{x \to \infty} \frac{\{\log(\tanh x)\}'}{\left(\frac{1}{x}\right)'} = -\lim_{x \to \infty} \frac{x^2}{\sinh x\cosh x} = -2\lim_{x \to \infty} \frac{x^2}{\sinh 2x}$$

$$= -2\lim_{x \to \infty} \frac{x}{\cosh 2x} = -\lim_{x \to \infty} \frac{1}{\sinh 2x} = 0$$

上記結果より，$\displaystyle\lim_{x \to \infty} y = e^0 = 1$.

[2] 33 ページの例 1.12 より，

$$f^{(k)}(0) = (-1)^k k! \left(\frac{1}{2^{k+1}} - \frac{1}{3^{k+1}}\right), \quad R_n = (-1)^n \left\{\left(\frac{1}{\theta x + 2}\right)^{n+1} - \left(\frac{1}{\theta x + 3}\right)^{n+1}\right\} x^n$$

上式を式 (1.34) に代入することにより，

$$f(x) = \sum_{k=0}^{n-1} (-1)^k \left(\frac{1}{2^{k+1}} - \frac{1}{3^{k+1}}\right) x^k + R_n$$

$$= \frac{1}{6} - \frac{5}{36}x + \frac{19}{216}x^2 - \cdots + (-1)^{n-1}\left(\frac{1}{2^n} - \frac{1}{3^n}\right)x^{n-1}$$

$$+ (-1)^n \left\{\left(\frac{1}{\theta x + 2}\right)^{n+1} - \left(\frac{1}{\theta x + 3}\right)^{n+1}\right\} x^n.$$

練習問題 1.5（47 ページ）
[1]

(1) $f'(x) = -\dfrac{e^{-x}(x - \frac{2}{3})}{x^{\frac{1}{3}}}$ であるから，$f(x)$ は $x = 0$ で微分不可能であり，$f'(x) = 0$ の解は $x = \frac{2}{3}$ である．ゆえに，増減表は以下のようになる．

x	$\cdots$	0	$\cdots$	$\frac{2}{3}$	$\cdots$
$f'(x)$	$-$		$+$	0	$-$
$f(x)$	$\searrow$	極小	$\nearrow$	極大	$\searrow$

増減表より，極小値は $f(0) = 0$, 極大値は $f\left(\dfrac{2}{3}\right) = \left(\dfrac{2}{3e}\right)^{\frac{2}{3}}$ である．

(2) $f'(x) = \dfrac{\sqrt{6}(2-x)(2+x)}{(1+x^2)(6+x^2)}$ より，$f'(x) = 0 \Longleftrightarrow x = \pm 2$. ゆえに，増減表は以下のようになる．

x	$\cdots$	-2	$\cdots$	2	$\cdots$
$f'(x)$	$-$	0	$+$	0	$-$
$f(x)$	$\searrow$	極小	$\nearrow$	極大	$\searrow$

増減表より, 極小値は $f(-2) = -\sqrt{6}\,\mathrm{Arctan}\,2 + 2\,\mathrm{Arctan}\,\frac{2}{\sqrt{6}}$, 極大値は $f(2) = \sqrt{6}\,\mathrm{Arctan}\,2 - 2\,\mathrm{Arctan}\,\frac{2}{\sqrt{6}}$ である.

[2]

(1)　$4 - x^2 \geqq 0$ より, $f(x)$ の定義域は, $-2 \leqq x \leqq 2$ である. $f(x)$ は偶関数であるから, $0 \leqq x \leqq 2$ でのグラフを考えた後, y 軸対称になるように全体のグラフを拡張すればよい.

$f'(x) = \dfrac{2(2 - x^2)}{\sqrt{4 - x^2}}$ であるから, $0 \leqq x < 2$ では, $f'(x) = 0 \iff x = \sqrt{2}$. さらに, $\displaystyle\lim_{x \to 2 - 0} f'(x) = -\infty$.

ゆえに, 増減表は以下のようになる.

x	0	$\cdots$	$\sqrt{2}$	$\cdots$	2
$f'(x)$		$+$	0	$-$	$-\infty$
$f(x)$	0	$\nearrow$	極大	$\searrow$	0

さらに, $0 < x < 2$ では $f''(x) = \dfrac{2x(x^2 - 6)}{(4 - x^2)^{\frac{3}{2}}} < 0$ より, 曲線 $y = f(x)$ は上に凸となる. 以上より, グラフの概形は図 A.3 のようになる.

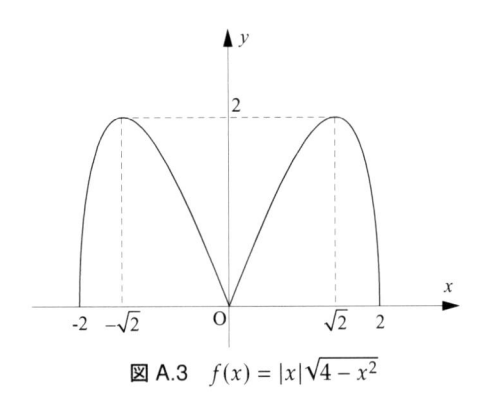

図 A.3　$f(x) = |x|\sqrt{4 - x^2}$

(2)　$f'(x) = e^{\frac{2}{x}} \cdot \dfrac{x - 2}{x}$ であるから, $x > 0$ では $f'(x) = 0 \iff x = 2$. また, ロピタルの定理より,

$$\lim_{x \to +0} f(x) = \lim_{x \to +0} \frac{\left(e^{\frac{2}{x}}\right)'}{\left(\frac{1}{x}\right)'} = \lim_{x \to +0} 2e^{\frac{2}{x}} = \infty.$$

ゆえに, 増減表は以下のようになる.

x	0	$\cdots$	2	$\cdots$	∞
$f'(x)$		$-$	0	$+$	
$f(x)$	∞	$\searrow$	極小	$\nearrow$	∞

さらに, $x > 0$ では, $f''(x) = e^{\frac{2}{x}} \cdot \dfrac{4}{x^3} > 0$ より, 曲線 $y = f(x)$ は下に凸となる. 以上より, グラフの概形は図 A.4 のようになる.

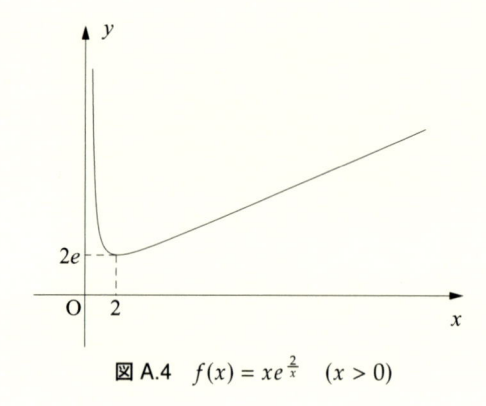

図 A.4　$f(x) = xe^{\frac{2}{x}}$　$(x > 0)$

第2章　積分法

練習問題 2.1（55 ページ）

[1] $a^2x^2 + 2abx + c^2 = (ax + b)^2 + (c^2 - b^2)$ を用いる.

(1)
$$\int \frac{dx}{a^2x^2 + 2abx + c^2} = \int \frac{dx}{(ax+b)^2 + \left(\sqrt{c^2-b^2}\right)^2} \overset{(2.2)}{=} \frac{1}{a\sqrt{c^2-b^2}} \operatorname{Arctan} \frac{ax+b}{\sqrt{c^2-b^2}} + C$$

(2)
$$\int \frac{dx}{\sqrt{a^2x^2 + 2abx + c^2}} = \int \frac{dx}{\sqrt{(ax+b)^2 + (c^2-b^2)}}$$
$$\overset{(2.5)}{=} \frac{1}{a} \log \left| ax + b + \sqrt{a^2x^2 + 2abx + c^2} \right| + C$$

(3)
$$\int \sqrt{a^2x^2 + 2abx + c^2}\, dx = \int \sqrt{(ax+b)^2 + (c^2-b^2)}$$
$$\overset{(2.6)}{=} \frac{1}{2a} \left\{ (ax+b)\sqrt{a^2x^2 + 2abx + c^2} \right.$$
$$\left. + (c^2-b^2) \log \left| (ax+b) + \sqrt{a^2x^2 + 2abx + c^2} \right| \right\} + C$$

[2]

(1)
$$\int x^2 \cos x\, dx = x^2 \sin x - 2 \int x \sin x\, dx = x^2 \sin x + 2x \cos x - 2 \int \cos x\, dx$$
$$= x^2 \sin x + 2x \cos x - 2 \sin x + C$$

(2)
$$\int \sqrt{x} \log x\, dx = \frac{2}{3} \int \left(x^{\frac{3}{2}} \right)' \log x\, dx = \frac{2}{3} \left(x^{\frac{3}{2}} \log x - \int x^{\frac{3}{2}} \cdot \frac{1}{x}\, dx \right)$$
$$= \frac{2}{3} x^{\frac{3}{2}} \log x - \frac{4}{9} x^{\frac{3}{2}} + C$$

(3)
$$\int x \sec^2 x\, dx = x \tan x - \int \tan x\, dx = x \tan x + \int \frac{(\cos x)'}{\cos x}\, dx$$
$$= x \tan x + \log |\cos x| + C$$

(4)
$$\int x^2 \sinh x\, dx = x^2 \cosh x - 2 \int x \cosh x\, dx$$
$$= x^2 \cosh x - 2 \left(x \sinh x - \int \sinh x\, dx \right)$$
$$= x^2 \cosh x - 2x \sinh x + 2 \cosh x + C$$

[3]　$I,\ J$ の計算に部分積分を用いると，$I + J = \sin x \cosh x$, $I - J = \cos x \sinh x$ を得る．$I,\ J$ について解けば，
$$I = \frac{1}{2} (\sin x \cosh x + \cos x \sinh x), \quad J = \frac{1}{2} (\sin x \cosh x - \cos x \sinh x).$$

[4]

(1)　与式 $= \dfrac{1}{3} \displaystyle\int (x^3 + 10)^{\alpha} (x^3 + 10)' \, dx = \dfrac{1}{3(\alpha + 1)} \left(x^3 + 10\right)^{\alpha + 1} + C$

(2)

$$\text{与式} = \int \frac{1 - t^2}{t} \, dt \quad (\because \quad \sin x = t)$$

$$= \log |t| - \frac{1}{2} t^2 + C = \log |\sin x| - \frac{1}{2} \sin^2 x + C$$

(3)　与式 $= \displaystyle\int (\log x)^{\alpha} (\log x)' \, dx = \dfrac{1}{\alpha + 1} \left(\log x\right)^{\alpha + 1} + C$

練習問題 2.2（65 ページ）

[1]

(1)　半角公式 $\sin^2 x = \dfrac{1}{2} (1 - \cos 2x)$ より

$$\int \sin^2 x \, dx = \frac{1}{2} \int (1 - \cos 2x) \, dx = \frac{x}{2} - \frac{1}{4} \sin 2x + C$$

(2)

$$\int \cos^3 x \, dx = \int \left(1 - \sin^2 x\right) \cos x \, dx = \int \left(1 - t^2\right) dt \quad (\because \quad \sin x = t \text{ で置換積分})$$

$$= -\frac{1}{3} t^3 + t + C = -\frac{1}{3} \sin^3 x + \sin x + C$$

[2]

(1)　$I_n = \displaystyle\int \tan^{n-2} x \left(\sec^2 x - 1\right) dx = \int \tan^{n-2} x \cdot \sec^2 x \, dx - I_{n-2} = \dfrac{1}{n-1} \tan^{n-1} x - I_{n-2}$

(2)　$I_0 = x + C, \ I_1 = \displaystyle\int \tan x \, dx = -\log |\cos x| + C$

(3)　(1) および (2) の結果より

$I_2 = \tan x - I_0 = \tan x - x + C,$

$I_3 = \dfrac{1}{2} \tan^2 x - I_1 = \dfrac{1}{2} \tan^2 x + \log |\cos x| + C,$

$I_4 = \dfrac{1}{3} \tan^3 x - I_2 = \dfrac{1}{3} \tan^3 x - \tan x + x + C,$

$I_5 = \dfrac{1}{4} \tan^4 x - I_3 = \dfrac{1}{4} \tan^4 x - \dfrac{1}{2} \tan^2 x - \log |\cos x| + C.$

[3]

(1)

$$\int \frac{x^4 + 5}{x^5 + 10x} \, dx = \int \frac{x^4 + 5}{x \left(x^4 + 10\right)} \, dx = \frac{1}{2} \int \frac{dx}{x} + \frac{1}{2} \int \frac{x^3}{x^4 + 10} \, dx$$

$$= \frac{1}{2} \log |x| + \frac{1}{8} \log \left(x^4 + 10\right) + C$$

(2)　$\dfrac{2x^3 + 3x^2 + 1}{x^2 + 3x - 10} = 2x - 3 + \dfrac{29}{7} \cdot \dfrac{1}{x - 2} + \dfrac{174}{7} \cdot \dfrac{1}{x + 5}$ より

$$\int \frac{2x^3 + 3x^2 + 1}{x^2 + 3x - 10} \, dx = x^2 - 3x + \frac{29}{7} \log |x - 2| + \frac{174}{7} \log |x + 5| + C$$

[4]

(1)
$$\frac{x+2}{x(x^2+1)^2} = \frac{2}{x} - \frac{2x}{x^2+1} - \frac{2x-1}{(x^2+1)^2}$$

(2)
$$I_n = \int \frac{x'}{(x^2+1)^n}\,dx = \frac{x}{(x^2+1)^n} + 2n\int \frac{x^2}{(x^2+1)^{n+1}}\,dx \quad (\because \quad 部分積分)$$
$$= \frac{x}{(x^2+1)^n} + 2n\left\{\int \frac{x^2+1}{(x^2+1)^{n+1}}\,dx - \int \frac{dx}{(x^2+1)^{n+1}}\right\}$$
$$= \frac{x}{(x^2+1)^n} + 2n(I_n - I_{n+1})$$

$$\therefore\ I_{n+1} = \frac{1}{2n}\left\{\frac{x}{(x^2+1)^n} + (2n-1)I_n\right\}$$

漸化式より，$I_2 = \dfrac{1}{2}\left(\dfrac{x}{x^2+1} + I_1\right)$. 一方，$I_1 = \displaystyle\int \frac{dx}{x^2+1} = \text{Arctan}\,x + C.$

$$\therefore\quad I_2 = \frac{1}{2}\left(\frac{x}{x^2+1} + \text{Arctan}\,x\right) + C$$

(3)
$$与式 \overset{(1)}{=} \int\left(\frac{2}{x} - \frac{2x}{x^2+1} - \frac{2x-1}{(x^2+1)^2}\right)dx$$
$$= 2\int \frac{dx}{x} - \int \frac{2x}{x^2+1}\,dx - \int \frac{2x}{(x^2+1)^2}\,dx + \int \frac{dx}{(x^2+1)^2}$$
$$= 2\log|x| - \log(x^2+1) + \frac{1}{x^2+1} + I_2$$
$$\overset{(2)}{=} 2\log|x| - \log(x^2+1) + \frac{1}{x^2+1} + \frac{1}{2}\left(\frac{x}{x^2+1} + \text{Arctan}\,x\right) + C$$

[5]

(1)　$\dfrac{1}{\cos x} = \dfrac{\cos x}{1-\sin^2 x}$. $\sin x = t$ とおくと，$\cos x\,dx = dt.$

$\therefore\quad 与式 = \displaystyle\int \frac{dt}{1-t^2} = \frac{1}{2}\int\left(\frac{1}{t+1} - \frac{1}{t-1}\right)dt = \frac{1}{2}\log\left|\frac{t+1}{t-1}\right| + C$

$\qquad = \dfrac{1}{2}\log\left(\dfrac{1+\sin x}{1-\sin x}\right) + C$

(2)　$\tan\dfrac{x}{2} = t$ とおくと，

$与式 = \displaystyle\int \frac{t^2+t+1}{t}\,dt = \frac{1}{2}t^2 + t + \log|t| + C$

$\qquad = \dfrac{1}{2}\tan^2\dfrac{x}{2} + \tan\dfrac{x}{2} + \log\left|\tan\dfrac{x}{2}\right| + C$

(3)　$\tan x = t$ とおくと，

$与式 = \displaystyle\int \frac{dt}{(a^2+b^2 t^2)(1+t^2)} = \frac{1}{a^2-b^2}\int\left(\frac{1}{t^2+1} - \frac{1}{t^2+\frac{a^2}{b^2}}\right)dt$

$\qquad = \dfrac{1}{a^2-b^2}\left\{\text{Arctan}\,t - \dfrac{b}{a}\text{Arctan}\left(\dfrac{b}{a}t\right)\right\} + C = \dfrac{1}{a^2-b^2}\left\{x - \dfrac{b}{a}\text{Arctan}\left(\dfrac{b}{a}\tan x\right)\right\} + C$

[6]

(1) $\sqrt{\dfrac{x}{x-1}} = t$ とおくと，$x = \dfrac{t^2}{t^2-1}$，$dx = \dfrac{-2t}{\left(t^2-1\right)^2}dt.$

$\therefore$ 与式 $= -2\displaystyle\int \dfrac{dt}{t^2-1} = \log\left|\dfrac{t+1}{t-1}\right| + C = 2\log(\sqrt{x} + \sqrt{x-1}) + C$

(2) $\sqrt{x^2+1} + x = t$ とおくと，$x = \dfrac{t^2-1}{2t}$，$dx = \dfrac{t^2+1}{2t^2}dt.$

$\therefore$ 与式 $= 2\displaystyle\int \dfrac{(t^2-1)'}{(t^2-1)^2}dt = \dfrac{-2}{t^2-1} + C = -\dfrac{1}{x\left(\sqrt{x^2+1}+x\right)} + C$

練習問題 2.3（71 ページ）

[1]

(1)

$$\text{与式} = [x\,\mathrm{Arctan}\,x]_0^1 - \int_0^1 \frac{x}{1+x^2}\,dx = \frac{\pi}{4} - \frac{1}{2}\left[\log\left(x^2+1\right)\right]_0^1 = \frac{\pi}{4} - \frac{1}{2}\log 2$$

(2)

$$\text{与式} = \int_0^1 \frac{dt}{a^2t^2+b^2} \quad (\because \quad t = \tan x \text{ で置換積分})$$

$$= \frac{1}{a^2}\left[\frac{a}{b}\mathrm{Arctan}\,\frac{a}{b}t\right]_0^1 = \frac{1}{ab}\mathrm{Arctan}\,\frac{a}{b}$$

(3)

$$\text{与式} = \int_{-\pi}^{\pi} x^2\sin x\,dx - \int_{-\pi}^{\pi} x^2\cos x\,dx = -2\int_0^\pi x^2\cos x\,dx \quad (\because \quad \text{式 (2.22), 式 (2.23))}$$

$$= -2\left([x^2\sin x]_0^\pi - 2\int_0^\pi x\sin x\,dx\right) = 4\pi$$

(4)

$$\text{与式} \overset{(2.24)}{=} \int_0^{\pi/2} \cos^2 x \sin^2 x\,dx = \frac{1}{8}\int_0^{\pi/2}(1-\cos 4x)\,dx = \frac{\pi}{16}$$

[2]

$$\text{与式} = 4\int_0^1 \sqrt{1-x^2}\,dx = \pi$$

[3]

(1) $x = \dfrac{\pi}{2} - t$ とおくと，$dx = -dt.$

$\therefore \displaystyle\int_0^{\pi/2} \cos^n x\,dx = -\int_{\pi/2}^0 \cos^n\left(\frac{\pi}{2}-t\right)dt = \int_0^{\pi/2}\sin^n t\,dt$

(2) 例 2.6 で導いた漸化式を用いると，

$$I_n = \int_0^{\pi/2}\sin^n x\,dx = -\frac{1}{n}\left[\sin^{n-1}x\cos x\right]_0^{\pi/2} + \frac{n-1}{n}I_{n-2} = \frac{n-1}{n}I_{n-2}.$$

すなわち，n が偶数の場合，

$$I_n = \frac{n-1}{n}I_{n-2} = \frac{n-1}{n}\cdot\frac{n-3}{n-2}I_{n-4} = \cdots = \frac{n-1}{n}\cdot\frac{n-3}{n-2}\cdots\frac{3}{4}\cdot\frac{1}{2}\cdot I_0.$$

同様に，n が奇数の場合，

$$I_n = \frac{n-1}{n}I_{n-2} = \frac{n-1}{n}\cdot\frac{n-3}{n-2}I_{n-4} = \cdots = \frac{n-1}{n}\cdot\frac{n-3}{n-2}\cdots\frac{4}{5}\cdot\frac{2}{3}\cdot I_1.$$

上式に $I_1 = \displaystyle\int_0^{\pi/2}\sin x\,dx = 1$，$I_0 = \displaystyle\int_0^{\pi/2}dx = \frac{\pi}{2}$ を代入すれば，題意は示された.

練習問題 2.4（77 ページ）

[1]

(1) 被積分関数 $\dfrac{1}{(x+1)^{\frac{2}{3}}}$ は $x = -1$ で発散する.

$$\therefore \quad 与式 = \int_{-2}^{-1} \frac{dx}{(x+1)^{2/3}} + \int_{-1}^{7} \frac{dx}{(x+1)^{2/3}} = \lim_{\varepsilon \to +0} \int_{-2}^{-1-\varepsilon} \frac{dx}{(x+1)^{2/3}} + \lim_{\varepsilon \to +0} \int_{-1+\varepsilon}^{7} \frac{dx}{(x+1)^{2/3}}$$

$$= 3 \left\{ \lim_{\varepsilon \to +0} \left[(x+1)^{1/3} \right]_{-2}^{-1-\varepsilon} + \lim_{\varepsilon \to +0} \left[(x+1)^{1/3} \right]_{-1+\varepsilon}^{7} \right\}$$

$$= 3 \lim_{\varepsilon \to +0} \left\{ (-\varepsilon)^{1/3} - \varepsilon^{1/3} + 3 \right\} = 9$$

(2) 被積分関数 $\sec^2 x$ は $x = \dfrac{\pi}{2}$ で発散する.

$$\therefore \quad 与式 = \lim_{\varepsilon \to +0} \int_{0}^{\frac{\pi}{2}-\varepsilon} \sec^2 x \, dx = \lim_{\varepsilon \to +0} [\tan x]_{0}^{\frac{\pi}{2}-\varepsilon} = \lim_{\varepsilon \to +0} \tan \left(\frac{\pi}{2} - \varepsilon \right) = \infty$$

(3) 被積分関数は $x = 1$ で発散する.

$$\therefore \quad 与式 = \lim_{\varepsilon \to +0} \int_{1+\varepsilon}^{e} (\log x)^{\alpha} (\log x)' \, dx = \frac{1}{\alpha+1} \lim_{\varepsilon \to +0} \left[1 - \{\log(1+\varepsilon)\}^{\alpha+1} \right] = \frac{1}{\alpha+1}$$

[2]

(1) $$与式 = \lim_{\gamma \to -\infty} \int_{\gamma}^{0} \frac{dx}{5-2x} = \lim_{\gamma \to -\infty} \left(-\frac{1}{2} \log 5 + \frac{1}{2} \log |5 - 2\gamma| \right) = \infty$$

(2) $$与式 = \lim_{\delta \to \infty} \int_{0}^{\delta} x e^{-x} \, dx = \lim_{\delta \to \infty} \left(1 - e^{-\delta} - \frac{\delta}{e^{\delta}} \right) \overset{(1.16)}{=} 1$$

練習問題 2.5（83 ページ）

[1] 曲線 C は x 軸，y 軸に関して対称であるから，第 1 象限にある部分を考えれば十分である. また，
$\dfrac{dx}{d\theta} = -3a \sin \theta \cos^2 \theta, \; \dfrac{dy}{d\theta} = 3a \sin^2 \theta \cos \theta.$

(1)

$$S = 4 \int_{0}^{a} y \, dx = 4 \int_{\pi/2}^{0} y \frac{dx}{d\theta} \, d\theta$$

$$= 12a^2 \int_{0}^{\pi/2} \sin^4 \theta \cos^2 \theta \, d\theta = 12a^2 \int_{0}^{\pi/2} \left(\sin^4 \theta - \sin^6 \theta \right) d\theta$$

$$= 12a^2 \left(\frac{3}{4} \cdot \frac{1}{2} \cdot \frac{\pi}{2} - \frac{5}{6} \cdot \frac{3}{4} \cdot \frac{1}{2} \cdot \frac{\pi}{2} \right) \quad (\because \quad 練習問題 \ 2.3[3])$$

$$= \frac{3}{8} \pi a^2$$

(2)

$$\ell = 4 \int_{0}^{\pi/2} \sqrt{9a^2 \sin^2 \theta \cos^4 \theta + 9a^2 \sin^4 \theta \cos^2 \theta} \, d\theta = 12a \int_{0}^{\pi/2} \sin \theta \cos \theta \, d\theta = 6a$$

[2]

$$\ell = \int_{0}^{4\pi} \sqrt{a^2 + (a\theta)^2} \, d\theta = a \int_{0}^{4\pi} \sqrt{1+\theta^2} \, d\theta \overset{(2.6)}{=} a \left[\frac{1}{2} \left\{ \theta \sqrt{\theta^2 + 1} + \log \left(\theta + \sqrt{\theta^2 + 1} \right) \right\} \right]_{0}^{4\pi}$$

$$= \frac{a}{2} \left\{ 4\pi \sqrt{16\pi^2 + 1} + \log \left(4\pi + \sqrt{16\pi^2 + 1} \right) \right\}$$

[3]

$$V = \pi \int_{-1}^{1} (x^2 + 1)^2 \, dx \overset{(2.23)}{=} 2\pi \int_{0}^{1} (x^2 + 1)^2 \, dx \quad (\because \quad \textbf{偶関数})$$

$$= 2\pi \left[\frac{1}{5} x^5 + \frac{2}{3} x^3 + x \right]_0^1 = \frac{56}{15} \pi$$

[4] $\quad \dfrac{dx}{d\theta} = -a \sin \theta, \; \dfrac{dy}{d\theta} = b \cos \theta.$

(1)

$$V = \pi \int_{\pi}^{0} y^2 \frac{dx}{d\theta} \, d\theta = \pi ab^2 \int_{0}^{\pi} \sin^3 \theta \, d\theta = \pi ab^2 \int_{0}^{\pi} (\cos^2 \theta - 1)(\cos \theta)' d\theta$$

$$\overset{(2.10)}{=} \pi ab^2 \left[\frac{1}{3} \cos^3 \theta - \cos \theta \right]_0^{\pi} = \frac{4}{3} \pi ab^2$$

(2)

$$S = 2\pi \int_{\pi}^{0} y \sqrt{1 + \left(\frac{dy}{dx} \right)^2} \frac{dx}{d\theta} \, d\theta = 2\pi \int_{0}^{\pi} y \sqrt{\left(\frac{dx}{d\theta} \right)^2 + \left(\frac{dy}{d\theta} \right)^2} \, d\theta$$

$$= 2\pi b \int_{0}^{\pi} \sin \theta \sqrt{b^2 \cos^2 \theta + a^2 \sin^2 \theta} \, d\theta$$

$$= 2\pi ab \int_{-1}^{1} \sqrt{\frac{b^2 - a^2}{a^2} u^2 + 1} \, du \quad (\because \quad u = \cos \theta \text{で置換積分})$$

$e \equiv \sqrt{\dfrac{b^2 - a^2}{a^2}}$ とおくと,

$$S = 4\pi ab \int_{0}^{1} \sqrt{e^2 u^2 + 1} \, du \overset{(2.6)}{=} \frac{4\pi ab}{2e} \left[eu \sqrt{e^2 u^2 + 1} + \log(eu + \sqrt{e^2 u^2 + 1}) \right]_0^1$$

$$= \frac{2\pi ab}{e} \left\{ e \sqrt{e^2 + 1} + \log(e + \sqrt{e^2 + 1}) \right\}$$

第3章　多変数関数の微分法

練習問題 3.1 （91 ページ）

(1)　$f(x, y)$ は $(x, y) \neq (0, 0)$ で連続であるから，$(x, y) = (0, 0)$ での連続性だけを調べればよい．$x = r \cos \theta, y = r \sin \theta$ とおくと，$(x, y) \to (0, 0) \Longleftrightarrow r \to 0$. また，$(x, y) \neq (0, 0)$ のとき，

$$f(x, y) = r(\cos^2 \theta - \sin^2 \theta) = r \cos 2\theta$$

が成り立つから，$\displaystyle\lim_{(x,y)\to(0,0)} f(x, y) = \lim_{r \to 0} r \cos 2\theta = 0$. $\therefore$ $\displaystyle\lim_{(x,y)\to(0,0)} f(x, y) = f(0, 0)$. したがって，$f(x, y)$ は原点で連続である．

(2)　$f(x, y)$ は $(x, y) \neq (0, 0)$ で連続であるから，$(x, y) = (0, 0)$ での連続性だけを調べればよい．$x = r \cos \theta, y = r \sin \theta$ とおくと，$(x, y) \neq (0, 0)$ のとき，

$$f(x, y) = \frac{r^2 \sin \theta \cos \theta}{r^2} = \frac{\sin 2\theta}{2}.$$

上式より明らかなように，(x, y) を $(0, 0)$ に近づけるとき，θ によって $f(x, y)$ の値が変わる．ゆえに，$\displaystyle\lim_{(x,y)\to(0,0)} f(x, y)$ は存在しない．したがって，関数 $f(x, y)$ は原点で不連続である．

練習問題 3.2 （97 ページ）

[1]

(1)　$h \neq 0$ のとき，$f(h, 0) = h^2, f(0, h) = 0$ であるから，

$$f_x(0, 0) \overset{(3.1)}{=} \lim_{h \to 0} \frac{f(h, 0) - f(0, 0)}{h} = \lim_{h \to 0} \frac{h^2}{h} = 0,$$

$$f_y(0, 0) \overset{(3.2)}{=} \lim_{h \to 0} \frac{f(0, h) - f(0, 0)}{h} = \lim_{h \to 0} \frac{0}{h} = 0.$$

(2)　$h \neq 0$ のとき，$f(h, 0) = f(0, h) = h \sin \dfrac{1}{|h|}$ であるから，

$$f_x(0, 0) \overset{(3.1)}{=} \lim_{h \to 0} \frac{f(h, 0) - f(0, 0)}{h} = \lim_{h \to 0} \sin \frac{1}{|h|}.$$

同様に，$f_y(0, 0) = \displaystyle\lim_{h \to 0} \sin \dfrac{1}{|h|}$. 一方，$\displaystyle\lim_{h \to 0} \sin \dfrac{1}{|h|}$ は存在しない．ゆえに，$f_x(0, 0), f_y(0, 0)$ は存在しない．

[2]

(1)　$f_x = -y^2 e^{-xy^2}, \quad f_y = -2xy e^{-xy^2}$

(2)　$f_x = \dfrac{2y^3}{1 + (2xy)^2}, \quad f_y = 2y\,\mathrm{Arctan}\,2xy + \dfrac{2xy^2}{1 + (2xy)^2}$

(3)　$f_x = \dfrac{x}{x^2 + y^2}, \quad f_y = \dfrac{y}{x^2 + y^2}$

(4)　$\log f = y \log x + x \log y$ の両辺を x に関して偏微分すると，

$$\frac{f_x}{f} = \frac{y}{x} + \log y. \quad \therefore \quad f_x = f\left(\frac{y}{x} + \log y\right) = x^y y^x \left(\frac{y}{x} + \log y\right)$$

同様に，$f_y = x^y y^x \left(\dfrac{x}{y} + \log x\right)$.

[3]

(1)　$f_x = 2xy\cos x^2 y,\quad f_y = x^2\cos x^2 y$ より,

$f_{xx} = 2y\cos x^2 y - 4x^2 y^2\sin x^2 y,\quad f_{xy} = f_{yx} = 2x\cos x^2 y - 2x^3 y\sin x^2 y,\quad f_{yy} = -x^4\sin x^2 y.$

(2)

$$f_x = \frac{1}{y}\cdot\frac{1}{\sqrt{1-\frac{x^2}{y^2}}} = \frac{1}{\sqrt{y^2-x^2}},\quad f_y = -\frac{x}{y^2}\cdot\frac{1}{\sqrt{1-\frac{x^2}{y^2}}} = -\frac{x}{y\sqrt{y^2-x^2}}\quad(\because\quad y>0).$$

$$\therefore\quad f_{xx} = \frac{x}{(y^2-x^2)^{\frac{3}{2}}},\quad f_{xy} = f_{yx} = -\frac{y}{(y^2-x^2)^{\frac{3}{2}}},\quad f_{yy} = \frac{x(2y^2-x^2)}{y^2(y^2-x^2)^{\frac{3}{2}}}.$$

[4]　$f_x = 2x\cos xy - x^2 y\sin xy,\ f_y = -x^3\sin xy$ より, $f_x\left(1,\frac{\pi}{4}\right) = \sqrt{2}\left(1-\frac{\pi}{8}\right), f_y\left(1,\frac{\pi}{4}\right) = -\frac{\sqrt{2}}{2}.$

$$\therefore\quad D_v\left(1,\frac{\pi}{4}\right) \overset{(3.4)}{=} \sqrt{2}\left(1-\frac{\pi}{8}\right)\cos\theta - \frac{\sqrt{2}}{2}\sin\theta$$

練習問題 3.3（106 ページ）

[1]　$\dfrac{\partial z}{\partial x} = 2x\cos(x^2+y^2),\quad \dfrac{\partial z}{\partial y} = 2y\cos(x^2+y^2)$

(1)　$\dfrac{dx}{dt} = 2t,\quad \dfrac{dy}{dt} = 4t,\quad \dfrac{\partial z}{\partial x} = 2t^2\cos 5t^4,\quad \dfrac{\partial z}{\partial y} = 4t^2\cos 5t^4$ より,

$$\frac{dz}{dt} \overset{(3.7)}{=} 4t^3\cos 5t^4 + 16t^3\cos 5t^4 = 20t^3\cos 5t^4.$$

(2)　$\dfrac{\partial z}{\partial x} = 2\sqrt{2}(u+v)\cos 4(u^2+v^2),\quad \dfrac{\partial z}{\partial y} = 2\sqrt{2}(u-v)\cos 4(u^2+v^2),\quad \dfrac{\partial x}{\partial u} = \sqrt{2},$

$\dfrac{\partial x}{\partial v} = \sqrt{2},\quad \dfrac{\partial y}{\partial u} = \sqrt{2},\quad \dfrac{\partial y}{\partial v} = -\sqrt{2}$ より,

$$\frac{\partial z}{\partial u} \overset{(3.5)}{=} 4(u+v)\cos 4(u^2+v^2) + 4(u-v)\cos 4(u^2+v^2) = 8u\cos 4(u^2+v^2),$$

$$\frac{\partial z}{\partial v} \overset{(3.6)}{=} 4(u+v)\cos 4(u^2+v^2) - 4(u-v)\cos 4(u^2+v^2) = 8v\cos 4(u^2+v^2).$$

(3)　$\dfrac{\partial z}{\partial x} = 2r\cos\theta\cos r^2,\quad \dfrac{\partial z}{\partial y} = 2r\sin\theta\cos r^2,\quad \dfrac{\partial x}{\partial r} = \cos\theta,\quad \dfrac{\partial x}{\partial\theta} = -r\sin\theta,$

$\dfrac{\partial y}{\partial r} = \sin\theta,\quad \dfrac{\partial y}{\partial\theta} = r\cos\theta$ より,

$$\frac{\partial z}{\partial r} \overset{(3.5)}{=} \frac{\partial z}{\partial x}\frac{\partial x}{\partial r} + \frac{\partial z}{\partial y}\frac{\partial y}{\partial r} = 2r\cos^2\theta\cos r^2 + 2r\sin^2\theta\cos r^2 = 2r\cos r^2,$$

$$\frac{\partial z}{\partial\theta} \overset{(3.6)}{=} \frac{\partial z}{\partial x}\frac{\partial x}{\partial\theta} + \frac{\partial z}{\partial y}\frac{\partial y}{\partial\theta} = -2r^2\sin\theta\cos\theta\cos r^2 + 2r^2\sin\theta\cos\theta\cos r^2 = 0.$$

[2]

(1)　$f(x,y) = x^3 - 3xy + y^3$ とおくと, $f_x = 3x^2 - 3y,\quad f_y = -3x + 3y^2.$

$$\therefore\quad f_x\left(\frac{3}{2},\frac{3}{2}\right) = \frac{9}{4},\quad f_y\left(\frac{3}{2},\frac{3}{2}\right) = \frac{9}{4}$$

$f(x,y) = 0$ から定まる陰関数を $y = h(x)$ とすると,

$$h'\left(\frac{3}{2}\right) \overset{(3.8)}{=} -\frac{f_x(\frac{3}{2}, \frac{3}{2})}{f_y(\frac{3}{2}, \frac{3}{2})} = -1.$$

したがって，接線の方程式は $y = -\left(x - \dfrac{3}{2}\right) + \dfrac{3}{2}$，すなわち，$y = -x + 3.$

(2)　$f(x, y) = x^2 + xy + y^2 - 2$ とおくと，$f_x = 2x + y,\quad f_y = x + 2y.\ f(x, y) = 0$ から定まる陰関数を $y = h(x)$ とすると，

$$h'(x) \overset{(3.8)}{=} -f_x/f_y = -\frac{2x + y}{x + 2y}.$$

ゆえに，曲線 $f(x, y)$ 上の点 (a, b) における接線の傾きが 1 になる条件は，

$$f(a, b) = 0,\quad h'(a) = 0 \iff a^2 + ab + b^2 = 2,\quad -\frac{2a + b}{a + 2b} = 1$$
$$\iff (a, b) = (\pm\sqrt{2}, \mp\sqrt{2})\quad (\text{複合同順})$$

参考のため，図 A.5 に $f(x, y) = 0$ のグラフと傾き 1 の接線を示す.

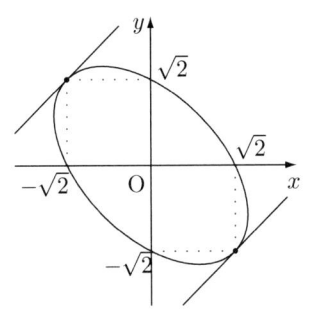

図 A.5　楕円 $x^2 + xy + y^2 = 2$ と傾き 1 の接線

[3]

(1)　$f(x, y) = x^2 - y^3$ とおくと，$f_x = 2x, f_y = -3y^2.$ 陰関数定理より，

$$h'(x) \overset{(3.8)}{=} -f_x/f_y = \frac{2x}{3y^2}.$$

$$\therefore\quad h''(x) = \frac{d}{dx}\left(\frac{2x}{3y^2}\right) = \frac{2}{3}\left(\frac{1}{y^2} - \frac{2x}{y^3}\frac{dy}{dx}\right) = \frac{2}{3y^2} - \frac{8x^2}{9y^5}$$

(2)　$f(x, y) = \log y - (x + y)$ とおくと，$f_x = -1, f_y = \dfrac{1}{y} - 1.$ 陰関数定理より，

$$h'(x) \overset{(3.8)}{=} -f_x/f_y = \frac{y}{1 - y}.$$

$$\therefore\quad h''(x) = \frac{d}{dx}\left(\frac{y}{1 - y}\right) = \frac{1}{(1 - y)^2}\frac{dy}{dx} = \frac{y}{(1 - y)^3}$$

[4]　まず，$f(x, y) = x^3 - x^2 + y^2$ とおくと，$f_x = 3x^2 - 2x,\quad f_y = 2y,\quad f_{xx} = 6x - 2.$
　　次に，連立方程式 $f(x, y) = f_x(x, y) = 0$ より $x^3 - x^2 + y^2 = 0,\quad 3x^2 - 2x = 0.$

$$\therefore \quad (x,\,y) = (0,0),\, \left(\frac{2}{3},\, \pm\frac{2}{3\sqrt{3}}\right)$$

一方, $f_y(0,\,0) = 0$ より, $(0,0)$ の近傍では陰関数は意味をもたない. これに対して,

$$f_y\left(\frac{2}{3},\, \pm\frac{2}{3\sqrt{3}}\right) = \pm\frac{4}{3\sqrt{3}} \neq 0.\ \text{ゆえに, } h\left(\frac{2}{3}\right) = \pm\frac{2}{3\sqrt{3}}\ \text{は極値の候補である. 候補点での } h''(x)\ \text{の値}$$

は, $h''\left(\dfrac{2}{3}\right) \overset{(3.9)}{=} -\dfrac{f_{xx}\left(\frac{2}{3},\,\pm\frac{2}{3\sqrt{3}}\right)}{f_y\left(\frac{2}{3},\,\pm\frac{2}{3\sqrt{3}}\right)} = \mp\dfrac{3\sqrt{3}}{2}$　（複合同順）.

したがって, $h(x)$ は $x = \dfrac{2}{3}$ で極大値 $\dfrac{2}{3\sqrt{3}}$ と極小値 $-\dfrac{2}{3\sqrt{3}}$ をとる. 参考のため, 図 A.6 に $f(x,y) = 0$ のグラフを示す.

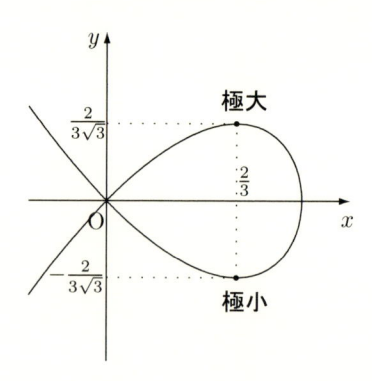

図 A.6　$x^3 - x^2 + y^2 = 0$ で定まる陰関数の極値

練習問題 3.4（109 ページ）

[1]

(1) $\quad f_x = e^x \cos y,\quad f_y = -e^x \sin y,\quad f_{xx} = e^x \cos y,\quad f_{xy} = -e^x \sin y,\quad f_{yy} = -e^x \cos y$　より
$$f(0,0) = f_x(0,0) = f_{xx}(0,0) = 1,\quad f_y(0,0) = f_{xy}(0,0) = 0,\quad f_{yy}(0,0) = -1.$$

$$\therefore \quad f(h,k) = 1 + h + \frac{1}{2}(h^2 - k^2) + R_3$$

(2) $\quad f_x = -\dfrac{x}{\sqrt{1 - x^2 - y^2}},\quad f_y = -\dfrac{y}{\sqrt{1 - x^2 - y^2}},\quad f_{xx} = -\dfrac{1 - y^2}{\left(1 - x^2 - y^2\right)^{\frac{3}{2}}},$

$f_{xy} = -\dfrac{xy}{\left(1 - x^2 - y^2\right)^{\frac{3}{2}}},\quad f_{yy} = -\dfrac{1 - x^2}{\left(1 - x^2 - y^2\right)^{\frac{3}{2}}}$　より
$$f(0,0) = 1,\quad f_x(0,0) = f_y(0,0) = f_{xy}(0,0) = 0,\quad f_{xx}(0,0) = f_{yy}(0,0) = -1.$$

$$\therefore \quad f(h,k) = 1 - \frac{1}{2}(h^2 + k^2) + R_3.$$

[2]

(1) $\quad f_x = e^x \sin y,\quad f_y = e^x \cos y,\quad f_{xx} = e^x \sin y,\quad f_{xy} = e^x \cos y,\quad f_{yy} = -e^x \sin y$　より

$$f\left(1, \frac{\pi}{4}\right) = f_x\left(1, \frac{\pi}{4}\right) = f_y\left(1, \frac{\pi}{4}\right) = f_{xx}\left(1, \frac{\pi}{4}\right) = f_{xy}\left(1, \frac{\pi}{4}\right) = \frac{\sqrt{2}}{2}e, \quad f_{yy}\left(1, \frac{\pi}{4}\right) = -\frac{\sqrt{2}}{2}e.$$

$$\therefore \quad f(1+h, \frac{\pi}{4}+k) = \frac{\sqrt{2}e}{2}\left(1+h+k+\frac{1}{2}h^2+hk-\frac{1}{2}k^2\right) + R_3$$

(2) $f_x = \dfrac{2x}{x^2+y^2}$, $f_y = \dfrac{2y}{x^2+y^2}$, $f_{xx} = \dfrac{2(y^2-x^2)}{(x^2+y^2)^2}$, $f_{xy} = -\dfrac{4xy}{(x^2+y^2)^2}$, $f_{yy} = \dfrac{2(x^2-y^2)}{(x^2+y^2)^2}$ より $f(1,-1) = \log 2$, $f_x(1,-1) = 1$, $f_y(1,-1) = -1$, $f_{xx}(1,-1) = 0$, $f_{xy}(1,-1) = 1$, $f_{yy}(1,-1) = 0$.

$$\therefore \quad f(1+h, -1+k) = \log 2 + h - k + hk + R_3$$

練習問題 3.5（115 ページ）

[1]

(1) 2 次までの偏導関数は

$$f_x = (1-2x^2)e^{-x^2-y^2}, \quad f_y = -2xye^{-x^2-y^2},$$

$$f_{xx} = 2x(2x^2-3)e^{-x^2-y^2}, \quad f_{xy} = 2y(2x^2-1)e^{-x^2-y^2}, \quad f_{yy} = 2x(2y^2-1)e^{-x^2-y^2}.$$

$f_x = f_y = 0$ とおくと, $1-2x^2 = 0, xy = 0$.

$$\therefore \quad (x, y) = \left(\pm\frac{1}{\sqrt{2}}, 0\right)$$

さらに, $H\left(\pm\dfrac{1}{\sqrt{2}}, 0\right) = \dfrac{4}{e} > 0, f_{xx}\left(\pm\dfrac{1}{\sqrt{2}}, 0\right) = \mp 2\sqrt{\dfrac{2}{e}}$ であるから, $f(x, y)$ は点 $\left(-\dfrac{1}{\sqrt{2}}, 0\right)$ で極小値 $f\left(-\dfrac{1}{\sqrt{2}}, 0\right) = -\dfrac{1}{\sqrt{2e}}$ をとり, 点 $\left(\dfrac{1}{\sqrt{2}}, 0\right)$ で極大値 $f\left(\dfrac{1}{\sqrt{2}}, 0\right) = \dfrac{1}{\sqrt{2e}}$ をとる.

(2) 2 次までの偏導関数は

$$f_x = 2x + \alpha y + \alpha, \quad f_y = 2y + \alpha x + \alpha,$$

$$f_{xx} = 2, \quad f_{xy} = f_{yx} = \alpha, \quad f_{yy} = 2.$$

$f_x = f_y = 0$ とおくと, $2x + \alpha y = -\alpha, \alpha x + 2y = -\alpha$.

$$\therefore \quad (x, y) = \left(-\frac{\alpha}{\alpha+2}, -\frac{\alpha}{\alpha+2}\right)$$

さらに, $H\left(-\dfrac{\alpha}{\alpha+2}, -\dfrac{\alpha}{\alpha+2}\right) = 4 - \alpha^2$.

(i) $|\alpha| < 2$ のとき

$H\left(-\dfrac{\alpha}{\alpha+2}, -\dfrac{\alpha}{\alpha+2}\right) = 4 - \alpha^2 > 0, f_{xx}\left(-\dfrac{\alpha}{\alpha+2}, -\dfrac{\alpha}{\alpha+2}\right) = 2 > 0$ より,

$f\left(-\dfrac{\alpha}{\alpha+2}, -\dfrac{\alpha}{\alpha+2}\right) = -\dfrac{\alpha^2}{\alpha+2}$ は極小値になる.

(ii) $|\alpha| > 2$ のとき

$H\left(-\dfrac{\alpha}{\alpha+2}, -\dfrac{\alpha}{\alpha+2}\right) = 4 - \alpha^2 < 0$ より, $f\left(-\dfrac{\alpha}{\alpha+2}, -\dfrac{\alpha}{\alpha+2}\right)$ は極値ではない.

[2]

(1) $\triangle \mathrm{AOB} = \sin x, \triangle \mathrm{BOC} = \sin y, \triangle \mathrm{COA} = \sin(2\pi - (x+y)) = -\sin(x+y)$ であるから,

$$f(x, y) = \sin x + \sin y - \sin(x + y).$$

(2)　　$f_x = f_y = 0$ とおくと，

$$f_x = \cos x - \cos(x + y) = 0 \tag{a}$$

$$f_y = \cos y - \cos(x + y) = 0 \tag{b}$$

(a), (b) より，$\cos x = \cos y$. $0 < x < \pi, 0 < y < \pi$ より，$x = y$. これを (a) に代入すれば，

$$\cos x - \cos 2x = 0 \iff \sin \frac{x}{2} \sin \frac{3}{2}x = 0 \iff \sin \frac{3}{2}x = 0 \quad \left(\because \quad \sin \frac{x}{2} > 0 \right)$$

$$\therefore \quad x = \frac{2}{3}\pi$$

ゆえに，$(x, y) = \left(\dfrac{2}{3}\pi, \dfrac{2}{3}\pi \right)$ は極値点の候補である．

$$f_{xx} = -\sin x + \sin(x + y), \quad f_{xy} = \sin(x + y), \quad f_{yy} = -\sin y + \sin(x + y) \text{ より}$$

$$f_{xx}\left(\frac{2}{3}\pi, \frac{2}{3}\pi \right) = -\sqrt{3}, \quad f_{xy}\left(\frac{2}{3}\pi, \frac{2}{3}\pi \right) = -\frac{\sqrt{3}}{2}, \quad f_{yy}\left(\frac{2}{3}\pi, \frac{2}{3}\pi \right) = -\sqrt{3}.$$

ゆえに，$H\left(\dfrac{2}{3}\pi, \dfrac{2}{3}\pi \right) = \dfrac{9}{4} > 0$ かつ $f_{xx}\left(\dfrac{2}{3}\pi, \dfrac{2}{3}\pi \right) < 0$ より，$f\left(\dfrac{2}{3}\pi, \dfrac{2}{3}\pi \right)$ は極大値となる．したがって，$x = y = \dfrac{2}{3}\pi$ のとき 3 角形 ABC の面積は最大となり，最大値は $\dfrac{3\sqrt{3}}{2}$ である．

[3]　　拘束条件 $y = x^2$ の下で関数 $f(x, y) = (x - 5)^2 + (y + 1)^2$ の最小値を求めれば良い．$F(x, y, \lambda) = (x - 5)^2 + (y + 1)^2 - \lambda(y - x^2)$ とおくと，$F_\lambda = 0$ より $y = x^2, F_x = 0$ より $2(x - 5) + 2\lambda x = 0, F_y = 0$ より $2(y + 1) - \lambda = 0$.

$$\therefore \quad (x, \ y) = (1, 1)$$

もし，$f(x, y)$ の最小値があれば，その値は $f(1, 1) = 20$ になる．一方，問題の最短距離が存在するのは幾何学的に明らかである．ゆえに，求める最短距離は $\sqrt{f(1, 1)} = 2\sqrt{5}$.

第4章　多変数関数の積分法

練習問題 4.1（126 ページ）

[1]

(1)

$$与式 = \int_0^1 dy \int_0^1 (x^2 + y^2)\, dx = \int_0^1 \left[\frac{1}{3}x^3 + xy^2 \right]_0^1 dy = \int_0^1 \left(\frac{1}{3} + y^2 \right) dy = \left[\frac{1}{3}y + \frac{1}{3}y^3 \right]_0^1 = \frac{2}{3}$$

(2)

$$与式 \overset{(4.6)}{=} \int_1^2 x\, dx \cdot \int_0^1 e^y dy = \left[\frac{x^2}{2} \right]_1^2 \cdot [e^y]_0^1 = \frac{3}{2}(e - 1)$$

(3)

$$与式 \overset{(4.6)}{=} \int_1^3 x\, dx \cdot \int_2^3 y\, dy = \left[\frac{x^2}{2} \right]_1^3 \cdot \left[\frac{y^2}{2} \right]_2^3 = 10$$

(4)

$$与式 \overset{(4.6)}{=} \int_1^2 x^2\, dx \cdot \int_0^{1/2} \sin \pi y\, dy = \left[\frac{x^3}{3} \right]_1^2 \cdot \left[-\frac{1}{\pi} \cos \pi y \right]_0^{1/2} = \frac{7}{3\pi}$$

[2]

(1)

$$与式 = \int_1^2 dy \int_0^{3y} y^2\, dx = \int_1^2 3y^3\, dy = \left[\frac{3}{4}y^4 \right]_1^2 = \frac{45}{4}$$

(2)

$$与式 = \int_1^2 dx \int_{x^2}^{x+2} \frac{1}{x}\, dy = \int_1^2 \left(\frac{x + 2 - x^2}{x} \right) dx = \int_1^2 \left(-x + 1 + \frac{2}{x} \right) dx$$

$$= \left[-\frac{1}{2}x^2 + x + 2\log|x| \right]_1^2 = 2\log 2 - \frac{1}{2}$$

(3) 積分領域 D を図示すると，図 A.7 のようになるから，$D = \{(x, y) \mid 0 \leqq x \leqq 1, 0 \leqq y \leqq 1 - x\}$.

$$\therefore \quad 与式 = \int_0^1 dx \int_0^{1-x} (x + y)^2\, dy = \int_0^1 \left[\frac{1}{3}(x + y)^3 \right]_0^{1-x} dx$$

$$= \int_0^1 \frac{1}{3}(1 - x^3)\, dx = \frac{1}{3} \left[x - \frac{1}{4}x^4 \right]_0^1 = \frac{1}{4}$$

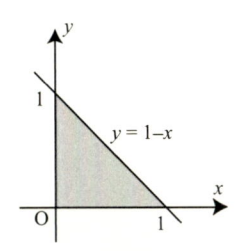

図 A.7　練習問題 4.1[2](3)

(4) 積分領域 D を図示すると，図 A.8 のようになるから，$D = \{(x, y) \mid 0 \leqq y \leqq 1, -\sqrt{y - y^2} \leqq x \leqq \sqrt{y - y^2}\}$.

$$\therefore \quad 与式 = \int_0^1 dy \int_{-\sqrt{y-y^2}}^{\sqrt{y-y^2}} x^2 \sqrt{y}\, dx = 2 \int_0^1 \sqrt{y} \left[\frac{1}{3} x^3 \right]_0^{\sqrt{y-y^2}} dy$$

$$= \frac{2}{3} \int_0^1 y^2 (1 - y)^{3/2}\, dy = \frac{4}{3} \int_0^1 t^4 (1 - t^2)^2 dt \quad (\because \quad t = \sqrt{1-y}\,で置換積分)$$

$$= \frac{32}{945}$$

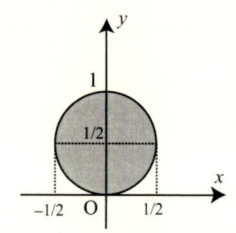

図 A.8　練習問題 4.1[2](4)

(5)

$$与式 = \int_0^{\pi/2} d\theta \int_0^{\cos\theta} r \sin\theta\, dr = \int_0^{\pi/2} \left[\frac{1}{2} r^2 \sin\theta \right]_0^{\cos\theta} d\theta = \frac{1}{2} \int_0^{\pi/2} \cos^2\theta \sin\theta\, d\theta$$

$$= -\frac{1}{2} \int_0^{\pi/2} \cos^2\theta (\cos\theta)' d\theta = -\frac{1}{6} \left[\cos^3\theta \right]_0^{\pi/2} = \frac{1}{6}$$

[3]

(1)　積分領域 $D = \{(x, y) \mid 0 \leqq x \leqq 2, x \leqq y \leqq 2\}$ を図示すると，図 A.9 のようになる．図 A.9 を参考にすれば，$D = \{(x, y) \mid 0 \leqq y \leqq 2, 0 \leqq x \leqq y\}$.

$$\therefore \quad 与式 = \int_0^2 dy \int_0^y e^{-y^2}\, dx = \int_0^2 y e^{-y^2}\, dy = \left[-\frac{1}{2} e^{-y^2} \right]_0^2 = \frac{1}{2} (1 - e^{-4})$$

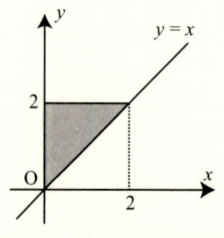

図 A.9　練習問題 4.1[3](1)

(2) 積分領域 $D = \{(x, y) \mid 0 \leqq x \leqq 1, x^2 \leqq y \leqq 1\}$ を図示すると，図 A.10 のようになる．図 A.10 を参考にすれば，$D = \{(x, y) \mid 0 \leqq y \leqq 1, 0 \leqq x \leqq \sqrt{y}\}$.

$$\therefore \quad 与式 = \int_0^1 dy \int_0^{\sqrt{y}} \frac{x}{y^2 + 1} \log(y^2 + 1)\, dx = \frac{1}{2} \int_0^1 \frac{y}{y^2 + 1} \log(y^2 + 1)\, dy$$

$$= \frac{1}{4} \int_1^2 \frac{1}{t} \log t\, dt \; (\because \quad y^2 + 1 = t)$$

$$= \frac{1}{4} \int_1^2 \log t \cdot (\log t)'\, dt = \frac{1}{8} \left[(\log t)^2 \right]_1^2 = \frac{1}{8} (\log 2)^2$$

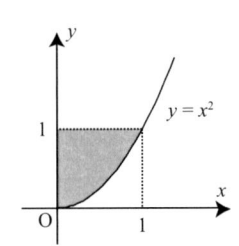

図 A.10　練習問題 4.1[3](2)

練習問題 4.2（133 ページ）

[1]

(1) $x - y = u, x + y = v$ とおくと，D に対応する領域は $D' = \{(u, v) \mid 0 \leqq u \leqq 1/3, 1/2 \leqq v \leqq 1\}$. また，$x = (u + v)/2,\ y = (-u + v)/2$ であるから，

$$\frac{\partial(x, y)}{\partial(u, v)} = \begin{vmatrix} 1/2 & 1/2 \\ -1/2 & 1/2 \end{vmatrix} = \frac{1}{2}.$$

$$\therefore \quad 与式 = \iint_{D'} u \cos \pi v \cdot \left(\frac{1}{2} \right) du\,dv \overset{(4.6)}{=} \frac{1}{2} \int_0^{1/3} u\, du \cdot \int_{1/2}^1 \cos \pi v\, dv$$

$$= \frac{1}{2} \left[\frac{u^2}{2} \right]_0^{1/3} \cdot \left[\frac{1}{\pi} \sin \pi v \right]_{1/2}^1 = -\frac{1}{36\pi}$$

(2) $u = \sqrt{x}, v = \sqrt{y}$ とおくと，D に対応する領域は $D' = \{(u, v) \mid u \geqq 0,\ v \geqq 0,\ u + v \leqq 2\} = \{(u, v) \mid 0 \leqq u \leqq 2,\ 0 \leqq v \leqq 2 - u\}$. また，$x = u^2,\ y = v^2$ であるから，

$$\frac{\partial(x, y)}{\partial(u, v)} = \begin{vmatrix} 2u & 0 \\ 0 & 2v \end{vmatrix} = 4uv.$$

$$\therefore \quad 与式 = \iint_{D'} u^2 (4uv)\, du\,dv = \int_0^2 du \int_0^{2-u} 4u^3 v\, dv = \int_0^2 \left[2u^3 v^2 \right]_0^{2-u} du = \int_0^2 2u^3 (2 - u)^2 du = \frac{32}{15}$$

[2]

(1) 極座標変換により，領域 D は $r\theta$ 平面内の $\Pi = \{(r, \theta) \mid 0 \leqq r \leqq \sqrt{2},\ 0 \leqq \theta \leqq \pi/2\}$ に対応する．

$$\therefore \quad 与式 = \iint_{\Pi} r \sin \theta \cdot r\, dr\,d\theta \overset{(4.6)}{=} \int_0^{\pi/2} \sin \theta\, d\theta \cdot \int_0^{\sqrt{2}} r^2\, dr = \frac{2}{3} \sqrt{2}$$

(2) 極座標変換により，領域 D は $r\theta$ 平面内の $\Pi = \{(r, \theta) \mid 0 \leqq r \leqq 2,\ 0 \leqq \theta < 2\pi\}$ に対応する．

$$\therefore \ \text{与式} = \iint_\Pi \frac{r}{\sqrt{9-r^2}}\,dr d\theta \overset{(4.6)}{=} \int_0^{2\pi} d\theta \cdot \int_0^2 \frac{r}{\sqrt{9-r^2}}\,dr = 2\pi(3-\sqrt{5})$$

(3)　極座標変換により，領域 D は $r\theta$ 平面内の $\Pi = \{(r,\theta) \mid 0 \le r \le 1,\ -\pi/2 \le \theta \le 0\}$ に対応する．

$$\therefore \ \text{与式} = \iint_\Pi r^2 \cos\theta \sin\theta \cdot r\,dr d\theta \overset{(4.6)}{=} \frac{1}{2} \int_{-\pi/2}^0 \sin 2\theta\,d\theta \cdot \int_0^1 r^3\,dr = -\frac{1}{8}$$

(4)　変数変換 $x = 2r\cos\theta,\ y = 3r\sin\theta$ により，領域 D は $r\theta$ 平面内の $\Pi = \{(r,\theta) \mid 0 \le r \le 1,\ 0 \le \theta < 2\pi\}$ に対応する．一方，

$$\frac{\partial(x,y)}{\partial(r,\theta)} = \begin{vmatrix} x_r & x_\theta \\ y_r & y_\theta \end{vmatrix} = \begin{vmatrix} 2\cos\theta & -2r\sin\theta \\ 3\sin\theta & 3r\cos\theta \end{vmatrix} = 6r.$$

$$\therefore \ \text{与式} = \iint_\Pi (4r^2\cos^2\theta + 9r^2\sin^2\theta)6r\,dr d\theta = \iint_\Pi 6r^3(9 - 5\cos^2\theta)\,dr d\theta$$

$$= \int_0^{2\pi} 3(13 - 5\cos 2\theta)\,d\theta \cdot \int_0^1 r^3\,dr = \frac{39}{2}\pi$$

[3]　3 次元極座標変換によって K は $W = \{(\rho,\theta,\phi) \mid 0 \le \rho \le 3, 0 \le \theta \le \pi, 0 \le \phi < 2\pi\}$ に対応する．また，$x^2 + y^2 + z^2 = \rho^2$.

$$\therefore \ \text{与式} = \iiint_W \rho^3 \sin\theta\,d\rho d\theta d\phi \overset{(4.6)}{=} \int_0^3 \rho^3\,d\rho \cdot \int_0^\pi \sin\theta\,d\theta \cdot \int_0^{2\pi} d\phi = 81\pi$$

練習問題 4.3（139 ページ）

(1)　$D \equiv \{(x,y) \mid 0 \le x \le 1, 0 \le y \le 1\}$ とおくと，被積分関数 $f(x,y) = \dfrac{1}{\sqrt{x}\sqrt[3]{y}}$ は D 内の原点で不連続である．D から原点を除いた部分を A とすると，$f(x,y)$ は A で連続であり，常に正である．一方，$D_\epsilon \equiv \{(x,y) \mid \epsilon \le x \le 1, \epsilon \le y \le 1\}$ を定義すると，$\epsilon \to +0$ のとき，$D_\epsilon \to A$. このとき，$I_\epsilon = \displaystyle\iint_{D_\epsilon} \frac{dx dy}{\sqrt{x}\sqrt[3]{y}}$ に対して，$\displaystyle\lim_{\epsilon \to +0} I_\epsilon$ が収束すれば，$I = \displaystyle\int_0^1 dx \int_0^1 \frac{dy}{\sqrt{x}\sqrt[3]{y}}$ が存在することになる．

具体的に I_ϵ を計算すると，

$$I_\epsilon = \int_\epsilon^1 \frac{dx}{\sqrt{x}} \cdot \int_\epsilon^1 \frac{dy}{\sqrt[3]{y}} = 3(1 - \epsilon^{1/2})(1 - \epsilon^{2/3})$$

より，$\displaystyle\lim_{\epsilon \to +0} I_\epsilon = 3$. ゆえに，$I$ は存在し，$I = 3$.

(2)　被積分関数 $f(x,y) = \dfrac{1}{\sqrt{1-x^2-y^2}}$ は D に含まれる円 $x^2 + y^2 = 1$ 上で不連続である．D からこの円を除いた部分を A とすると，$f(x,y)$ は A で連続であり，常に正である．一方，$D_\epsilon = \{(x,y) \mid x^2 + y^2 \le (1-\epsilon)^2\}$ を定義すると，$\epsilon \to +0$ のとき，$D_\epsilon \to A$. このとき，$I_\epsilon = \displaystyle\iint_{D_\epsilon} \frac{dx dy}{\sqrt{1-x^2-y^2}}$ に対して，$\displaystyle\lim_{\epsilon \to +0} I_\epsilon$ が収束すれば，$I = \displaystyle\iint_D \frac{dx dy}{\sqrt{1-x^2-y^2}}$ が存在することになる．

具体的に I_ϵ を計算すると，

$$I_\epsilon = \int_0^{2\pi} d\theta \cdot \int_0^{1-\epsilon} \frac{r\,dr}{\sqrt{1-r^2}} = 2\pi\{1 - \sqrt{1-(1-\epsilon)^2}\}$$

より，$\displaystyle\lim_{\epsilon \to +0} I_\epsilon = 2\pi$. ゆえに，$I$ は存在し，$I = 2\pi$.

(3)　被積分関数 $f(x, y) = \dfrac{x}{(1 + x^2 + y)^2}$ は領域 D で連続であり，$f(x, y) \geqq 0$ である．そこで，$D_n = \{(x, y) \mid 0 \leqq x \leqq 1, 1 \leqq y \leqq n\}$ を定義すると，$n \to \infty$ のとき，$D_n \to D$．このとき，

$$I_n = \iint_{D_n} \frac{x}{(1 + x^2 + y)^2}\, dxdy$$

に対して，$\displaystyle\lim_{n \to \infty} I_n$ が収束すれば，$I = \displaystyle\iint_D \frac{x}{(1 + x^2 + y)^2}\, dxdy$ が存在することになる．

　具体的に I_n を計算すると，

$$
\begin{aligned}
I_n &= \frac{1}{2} \int_1^n dy \int_0^1 \frac{\partial}{\partial x}(1 + x^2 + y) \cdot (1 + x^2 + y)^{-2}\, dx \\
&= \frac{1}{2} \int_1^n \left[-\frac{1}{1 + x^2 + y} \right]_0^1 dy = \frac{1}{2} \int_1^n \left(\frac{1}{1 + y} - \frac{1}{2 + y} \right) dy = \frac{1}{2} \left[\log \frac{1 + y}{2 + y} \right]_1^n \\
&= \frac{1}{2} \left(\log \frac{1 + n}{2 + n} - \log \frac{2}{3} \right)
\end{aligned}
$$

より，$\displaystyle\lim_{n \to \infty} I_n = \frac{1}{2} \log \frac{3}{2}$．ゆえに，$I$ は存在し，$I = \dfrac{1}{2} \log \dfrac{3}{2}$．

練習問題 4.4（144 ページ）

[1]　xy 平面上において，3 直線 $x = 1$, $y = 1$, $x + y = 3$ で囲まれた領域 D を図示すると，図 A.11 のようになる．図 A.11 を参考にすれば，領域 D は $D = \{(x, y) \mid 1 \leqq x \leqq 2, 1 \leqq y \leqq 3 - x\}$ と表すことができる．また，$(x, y) \in D$ のとき，$x^2 + 2y \geqq x + y$ が成り立つから，求める体積 V は

$$V = \iint_D (x^2 - x + y)\, dxdy = \int_1^2 dx \int_1^{3-x} (x^2 - x + y)\, dy = \frac{11}{12}.$$

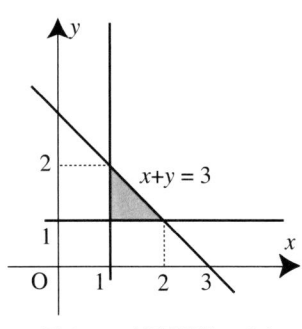

図 A.11　練習問題 4.4[1]

[2]　$D = \{(x, y) \mid x^2 + y^2 \leqq 3\}$ とおくと，極座標変換によって，D は $\Pi = \{(r, \theta) \mid 0 \leqq r \leqq \sqrt{3}, 0 \leqq \theta < 2\pi\}$ に対応する．

(1)

$$
\begin{aligned}
V &= \iint_D \{3 - (x^2 + y^2)\}\, dxdy = \iint_\Pi (3 - r^2) r\, drd\theta \\
&\overset{(4.6)}{=} \int_0^{2\pi} d\theta \cdot \int_0^{\sqrt{3}} (3 - r^2) r\, dr = \frac{9}{2}\pi
\end{aligned}
$$

(2)　$z_x = 2x, z_y = 2y$ より，

$$S = \iint_D \sqrt{1+(2x)^2+(2y)^2}\,dxdy = \iint_\Pi r\sqrt{1+4r^2}\,drd\theta$$

$$\overset{(4.6)}{=} \int_0^{2\pi} d\theta \cdot \int_0^{\sqrt{3}} r\sqrt{1+4r^2}\,dr = \frac{\pi}{6}(13\sqrt{13}-1)$$

[3]　変数変換 $x = ar\cos\theta, y = br\sin\theta$ によって，領域 D は $\Pi = \left\{(r,\theta) \mid 0 \leqq r \leqq 1, 0 \leqq \theta \leqq \frac{\pi}{2}\right\}$ に対応する．また，$\dfrac{\partial(x,y)}{\partial(r,\theta)} = abr.$

(1)

$$\iint_D x\,dxdy = a^2 b \iint_\Pi r^2 \cos\theta\,drd\theta \overset{(4.6)}{=} a^2 b \int_0^1 r^2\,dr \cdot \int_0^{\pi/2} \cos\theta\,d\theta = \frac{1}{3}a^2 b$$

$$\iint_D y\,dxdy = ab^2 \iint_\Pi r^2 \sin\theta\,drd\theta \overset{(4.6)}{=} ab^2 \int_0^1 r^2\,dr \cdot \int_0^{\pi/2} \sin\theta\,d\theta = \frac{1}{3}ab^2$$

$$\iint_D dxdy = ab \iint_\Pi r\,drd\theta \overset{(4.6)}{=} ab \int_0^1 r\,dr \cdot \int_0^{\pi/2} d\theta = \frac{\pi}{4}ab$$

$$\therefore \quad \bar{x} = \frac{\frac{1}{3}a^2 b}{\frac{\pi}{4}ab} = \frac{4}{3\pi}a, \quad \bar{y} = \frac{\frac{1}{3}ab^2}{\frac{\pi}{4}ab} = \frac{4}{3\pi}b$$

(2)

$$I_x = \sigma \iint_D y^2\,dxdy = \sigma ab^3 \iint_\Pi r^3 \sin^2\theta\,drd\theta \overset{(4.6)}{=} \sigma ab^3 \int_0^1 r^3\,dr \cdot \int_0^{\pi/2} \sin^2\theta\,d\theta = \frac{\pi}{16}\sigma ab^3$$

$$I_y = \sigma \iint_D x^2\,dxdy = \sigma a^3 b \iint_\Pi r^3 \cos^2\theta\,drd\theta \overset{(4.6)}{=} \sigma a^3 b \int_0^1 r^3\,dr \cdot \int_0^{\pi/2} \cos^2\theta\,d\theta = \frac{\pi}{16}\sigma a^3 b$$

[4]　図 A.12 のように座標軸をとれば，正方形領域は $D = \left\{(x,y) \mid -\dfrac{L}{2} \leqq x \leqq \dfrac{L}{2}, 0 \leqq y \leqq L\right\}$ と表せる．ゆえに，辺のまわりの慣性モーメントは，

$$I = \sigma \iint_D y^2\,dxdy \overset{(4.6)}{=} \sigma \int_{-\frac{L}{2}}^{\frac{L}{2}} dx \cdot \int_0^L y^2\,dy = \frac{1}{3}\sigma L^4.$$

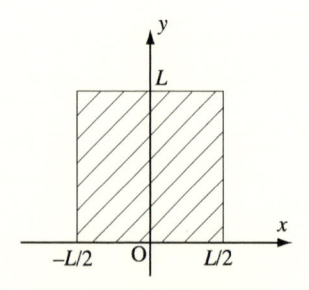

図 A.12　練習問題 4.4[4]

[5]　まず，直角をはさむ 2 辺を各々 x 軸，y 軸にとれば（図 A.13(a) 参照），直角三角形の領域は $D_1 = \{(x,y) \mid 0 \leqq x \leqq a, 0 \leqq y \leqq a-x\}$ と表せる．ゆえに，直角をはさむ 2 辺のまわりの慣性モーメントは $I_1 = \sigma \iint_{D_1} x^2\,dxdy = \sigma \int_0^a dx \int_0^{a-x} x^2\,dy = \dfrac{1}{12}\sigma a^4.$

　次に，図 A.13(b) のように 座標軸をとれば，直角三角形の領域は

$$D_2 = \left\{ (x, y) \mid -\left(\frac{a}{\sqrt{2}} - y\right) \leqq x \leqq \frac{a}{\sqrt{2}} - y, \ 0 \leqq y \leqq \frac{a}{\sqrt{2}} \right\}$$ と表せる．ゆえに，斜辺のまわりの慣性

モーメントは，$I_2 = \sigma \iint_{D_2} y^2 \, dxdy = 2\sigma \int_0^{\frac{a}{\sqrt{2}}} \left(\frac{a}{\sqrt{2}} - y\right) y^2 \, dy = \frac{1}{24} \sigma a^4.$

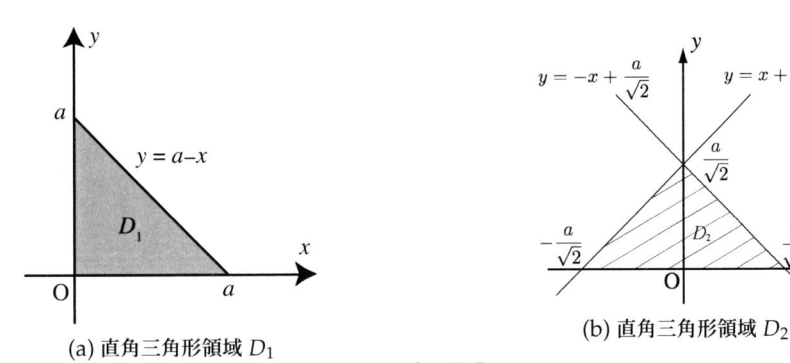

(a) 直角三角形領域 D_1　　　　　　(b) 直角三角形領域 D_2

図 A.13　練習問題 4.4[5]

索引

著者紹介

神谷 淳（かみたに あつし）

山形大学 大学院理工学研究科 教授
工学博士

1988年東京大学大学院工学系研究科物理工学専攻博士課程修了.
同年三菱電機株式会社入社. 1991年山形大学工学部講師, 1994年同助教授, 2004年より
現職.

専門は, 数値解析学, シミュレーション科学, 超伝導工学. 著書に『パワーアップベクトル
解析』（共立出版, 1997）, 『応用数学ハンドブック』（紀伊國屋書店, 2005）などがある.

生野 壮一郎（いくの そういちろう）

東京工科大学 コンピュータサイエンス学部 教授
博士（工学）

1999年筑波大学大学院工学研究科博士課程修了.
同年東京工科大学自然基礎学系専任講師, 2006年東京工科大学コンピュータサイエンス学
部助教授, 2016年より現職.

専門は, シミュレーション科学, 並列処理など. 著書に『Linux演習』（オーム社, 2005）,
『C言語プログラミング基本例題88+88』（コロナ社, 2017）がある.

仲田 晋（なかた すすむ）

立命館大学 情報理工学部 教授
博士（工学）

2001年筑波大学大学院工学研究科博士課程修了.
同年東京工業大学非常勤研究員, 2002年立命館大学理工学部専任講師, 2005年立命館大学
情報理工学部助教授, 2013年より現職.

専門は, コンピュータグラフィックス, 計算機シミュレーション, 数値解析.

宮崎 佳典（みやざき よしのり）

静岡大学学術院 情報学領域 教授
博士（工学）

1998年筑波大学大学院工学研究科博士課程単位取得満期退学.
同年静岡産業大学国際情報学部専任講師, 2005年静岡大学情報学部助教授, 2017年より
現職.

専門は, e-Learning（数学・英語教育用Webアプリケーション開発）, 数値解析. 著書に
『現代線形代数—分解定理を中心として—』（共立出版, 2009）, 『理工系のための離散数学』
（東京図書, 2013）などがある.

※本書は, 2006年に講談社サイエンティフィクから発行された『理工系のための解く!
微分積分』を再編集し, 発行したものです.